領巾 披肩 圍巾 的打法

監修　和田洋美

How to wear a scarf, stole and muffler

鴻儒堂出版社

前言

似乎有許多人都對領巾抱著敬而遠之的態度，她們心中有著種種疑慮，像是「雖然很想繫條領巾，但不知會不會變得很拘束」、「手邊雖有領巾，可是打法好像很難的樣子」、「不知道要怎樣搭配服裝」等等。有這些困擾的人，只要讀完本書之後，相信你就會對領巾的印象大大改觀。

領巾有五花八門、千變萬化的種類和打法，即使打法相同，但如果變換不同的領巾，甚至能呈現輕鬆休閒、高尚優雅等兩種截然不同的風貌。雖然有些結飾的打法有點難，但只要學會基本的4、5種打法就夠用了。此外，它還能靈活搭配各式造型，用途十分廣泛。

別考慮太多，先拿條領巾來試試看吧！相信你只要看到美麗的絲巾，就會興致勃勃想一展身手。對著鏡子試著圍圍看，平凡的裝扮就能在瞬間變得時髦、亮眼。

領巾和飾品、皮包及鞋子等同樣都是裝扮的一部分，請你更愉快地享受它吧！

如何閱讀本書

本書介紹的領巾依尺寸和用途共分爲4大類，
每一款都爲你介紹方便實用、最具代表性的打法。
此外，內容中還有許多重點說明，
例如領巾打法和領口款式的搭配要訣，
以及更時髦、流行的打法建議等。

模特兒照中的領巾

本書以模特兒照來介紹打好的領巾。

打法名稱

標題是領巾的基本打法、摺法、披法及款式等名稱。

關於打法

這裡是介紹這款打法的特色、適合的領巾圖案、材質及搭配重點等。

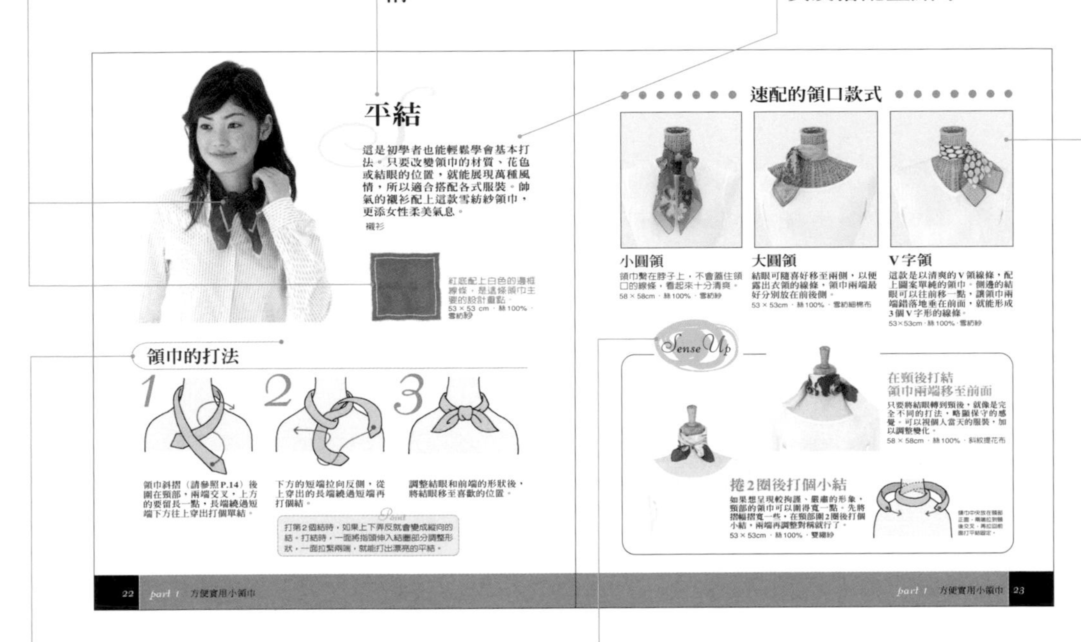

平結

這是初學者也能輕鬆學會基本打法。只要改變領巾的材質、花色或結眼的位置，就能展現萬種風情，所以適合搭配各式服裝。帥氣的襯衫配上這款雪紡紗領巾，更添女性柔美氣息。

襯衫

紅底配上白色的邊框線條，是這條領巾主要的設計重點。
53 × 53 cm．絲100%．雪紡紗

領巾的打法

1 領巾斜摺（請參照P.14）後圍在頸部，兩端交叉，上方的要留長一點，長端繞過短端下方往上穿出打個單結。

2 下方的短端拉向反側，從上穿出的長端繞過短端再打個結。

3 調整結眼和前端的形狀後，將結眼移至喜歡的位置。

Point

打第2個結時，如果上下弄反就會變成縱向的結。打結時，一面將指頭伸入結圈部分調整形狀，一面拉緊兩端，就能打出漂亮的平結。

速配的領口款式

小圓領

領巾繫在脖子上，不會蓋住領口的線條，看起來十分清爽。
58 × 58cm．絲100%．雪紡紗

大圓領

結眼可隨喜好移至兩側，以便露出衣領的線條，領巾兩端最好分別放在前後側。
53 × 53cm．絲100%．雪紡細棉布

V字領

這款是以清爽的V領線條，配上圖案單純的領巾。側邊的結眼可以往前移一點，讓領巾兩端錯落地垂在前面，就能形成3個V字形的線條。
53×53cm．絲100%．雪紡紗

Sense Up

在頸後打結
領巾兩端移至前面

只要將結眼轉到頸後，就像是完全不同的打法，略顯保守的感覺。可以視個人當天的服裝，加以調整變化。
58 × 58cm．絲100%．斜紋提花布

捲2圈後打個小結

如果想呈現較拘謹、嚴肅的形象，頸部的領巾可以圍得寬一點。先將摺幅摺寬一些，在頸部圍2圈後打個小結，兩端再調整對稱就行了。
53 × 53cm．絲100%．雙縐紗

領巾中央放在頸部正面，兩端拉到頸後交叉，再拉回前面打平結固定。

22 part 1 方便實用小領巾

part 1 方便實用小領巾 23

領巾的打法

這部分以插圖和文字來說明領巾的打法，「Point」中是提示讓領巾打得更漂亮的訣竅。

Sense up

這部分介紹的打法主要是以左頁爲基礎，再加以變換領巾的材質和圖樣，或是稍微改變裝飾的位置，使它呈現全然不同的風味，讓你更方便靈活運用。

速配的領口款式

這裡是說明最適合這種打法的領口款式，並提供你搭配時有關風格的種種建議。

目錄 Contents

領巾 披肩 圍巾 的打法

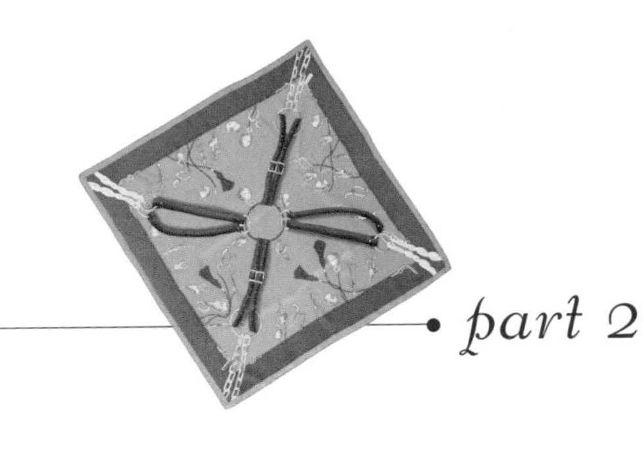

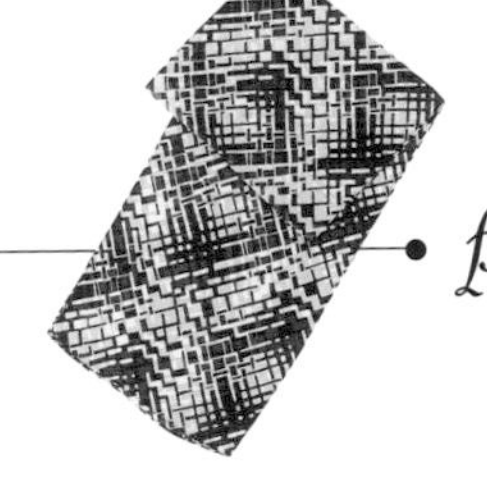

prologue

領巾的基本常識和特色

只要一小條領巾就能千變萬化，讓服裝顯得更出色、亮眼。但領巾種類繁多，有各種顏色、圖案、形狀和材質等，究竟該選哪一種比較適合，常常讓人不知所從。這時你若了解它的基本種類和打法，就等於掌握了選擇重點。請你不妨挑選一條適合平時服裝的領巾，試著靈活運用它來提升穿著品味吧！

領巾的形狀和大小

領巾主要有正方形和長方形2種形狀，分別又有多種尺寸可供選擇。不同形狀有不同的打法，不同大小外觀上看起來也不一樣。小領巾方便收存在隨身化妝包中，所以很適合用來搭配輕便的外出服，而大領巾因爲有長的垂懸和皺褶，因此較適合搭配正式、時髦的服裝。本單元將介紹不同形狀的領巾，使用時的特色和呈現的不同風格。

正方形

雖然打法相同
但尺寸不同，外觀也不一樣

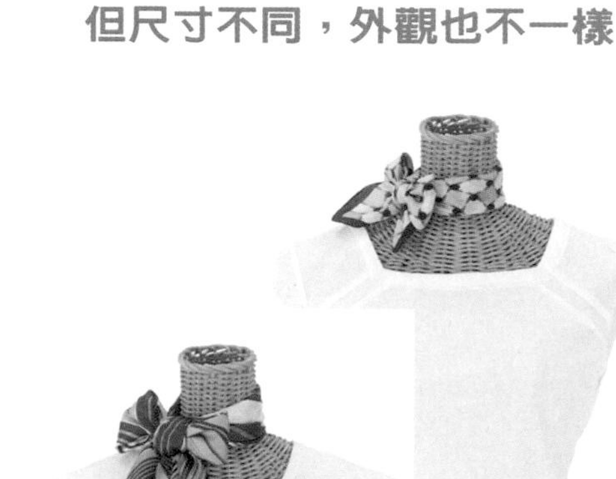

88x88cm

53x53cm

正方形領巾的特色是，它可以展開來打結，或是先摺疊變細後再裝飾，所以變化相當豐富，用途廣泛。手邊只要有一條方巾，就能隨心所欲打出數十種款式，超級實用。它的尺寸大致分成2種，一種是53 × 53 cm大小的小領巾，另一種是以88 × 88 cm尺寸爲主的大領巾。它們的特點是小領巾適合搭配便服，大領巾則適合搭配上班服或較正式的服裝。最近市面上也有60 cm 、 70 cm左右，以及90 cm以上的各種尺寸，你可以依個人的服裝風格及體型，選擇適用的尺寸。

長方形

不同尺寸，結飾的外觀也不同

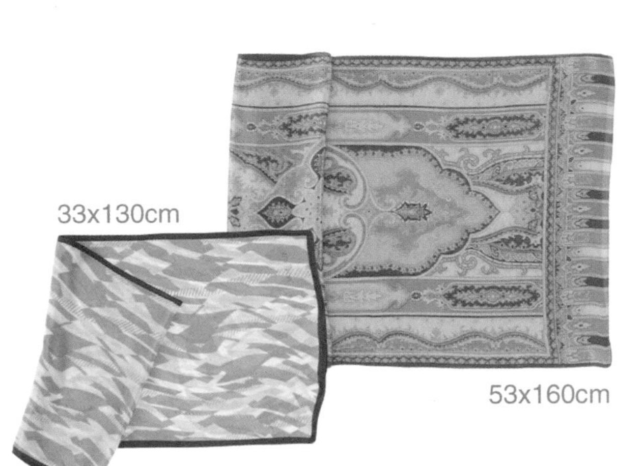

長方形領巾一般稱爲長絲巾，它也能像方巾一樣摺疊後使用，兩端還能懸垂下來形成縱向的線條。它的材質十分多樣化，從適合宴會等正式場合的高質感布料，到適合搭配輕便服裝的天然材質及具有民族風味等圖樣，種類可說琳瑯滿目。由於不同尺寸打出的結飾質感也不同，所以選購時最好對著鏡子參考比較。

其他

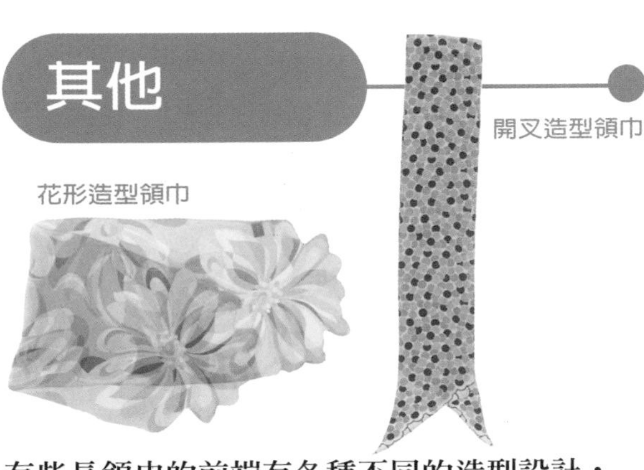

開叉造型領巾

花形造型領巾

有些長領巾的前端有各種不同的造型設計，例如前端開叉，或是有荷葉邊或剪裁成花形等。不論哪一種只要圍在頸部，立刻就能使服裝展現獨特韻味。建議初學者可選用這類領巾。

領巾主要的形狀和尺寸		
正方形	小領巾	53 X 53 cm
		58 X 58 cm（主要尺寸）
		65 X 65 cm
	大領巾	78 X 78 cm
		88 X 88 cm（主要尺寸）
		90 X 90 cm
		102 X 102 cm
長方形	長領巾	25 ~ 33 X 130 cm
		25 ~ 53 X 160 cm
		35 X 200 cm

領巾的材質和織法

領巾以絲、毛、化學纖維等不同「材質」的布料製作，或是採取平織、斜織及不同織線等各式「織法」，會展現截然不同的風味。製作條件不同，決定了它的觸感、質感、柔軟度和彈性等，而且清洗收存的方式也不盡相同，所以選擇領巾時，最好要具備這些基本的相關知識。

材質的特色

布料的材質大致可分爲2大類，一類是以絲、毛等天然材質紡成的天然纖維，另一類是以石油等原料人造加工製成的化學纖維。

絲／silk

這是領巾最常用的材質，依不同的織法，能呈現漂亮的光澤和極佳的懸垂性。也有些織得較厚實，適合用來搭配較正式的服裝。此外，由於天然材質較不易產生靜電，所以保暖性佳是它另一項特點。雖然有些絲質領巾也能在家自行清洗，但最好還是乾洗較不傷材質，而且因為它容易被蟲蛀食，所以收存時別忘了加放防蟲劑。

麻

夏季服飾常用的麻，也是領巾慣用的材質。它樸素的質感看起來十分清爽，即使夏天也能使用。要長時間待在冷氣房時，麻質領巾就很方便實用。因為它容易變皺，所以每次使用前都要整理。將它輕輕地披在身上的用法，比較不易變皺。

毛／wool

毛料大多用來製作披肩和圍巾，但領巾有時也會用這種材質。它的特色是十分保暖，很適合秋、冬季使用。和絲質比起來，毛料較容易在家自行清洗、保養，但是清洗方式錯誤，會使布料縮水，變得像厚毛毯一樣，這點請特別留意。毛料中，像喀什米爾、安哥拉、羊駝（alpaca）及帕什米納（pashmina）等高級品，因為很容易變形，建議最好採用乾洗。

化學纖維

以特多龍（polyesler）、壓克力或尼龍等化學纖維製成的平價領巾，目前十分普及。因為它們的處理方式都不同，所以選購前要先確認品質標示。此外，具有特殊用途的化學纖維領巾，現在也頗受市場矚目。像是排汗透氣的運動專用領巾，以及避免頸部受到日曬的抗紫外線（UV）領巾等，最好視個人所需來選購。

棉／cotton

吸汗力強且透氣性佳的棉質，最適合春、夏季使用。具有民族風味的長領巾大多採用棉質，它的特色是很適合搭配輕便的服裝。若是以天然草木染製而成，和其他衣物一起清洗時會發生染色情形，所以清洗時要記得分開處理。

混紡

混紡是指用2種以上的材質混紡成一條線所織的布。這類材質常用來表現特殊觸感，或為了方便染色及壓低價格等。此外，還有些領巾是經線和緯線分別採用不同材質，運用2種以上材質的線來製成。

織法的特色

基本織法有平紋織法、斜紋織法、緞紋織法這三種。配合織法，變換線的粗細或撚線的強度，即可展現各式風情。

●斜紋布 (twill)／斜紋織法

這種織法的特色是布面呈現斜紋，是正方形領巾最標準的織法，具有滑順的光澤及適度的彈性，能打出漂亮的結飾。

●緞布 (satin)／緞紋織法

布面柔滑有光澤，質感適合用來搭配較正式的服裝或禮服等。通常質地比較厚，但是領巾大多以細線織成，所以質感十分輕柔。

●雪紡紗 (chiffon)／平紋織法

它的特色是輕薄、有透明感，布面的皺紋也比較不明顯。因為質感輕柔能呈現柔美的垂墜感，所以給人一種飄逸的感覺。但要留意的是，它並不適合用來搭配較厚重的西服。

●雙縐紗 (crepe de chine)／平紋織法

它的表面具有細緻的縮皺，也被稱為法國縮縐。特色是皺摺降低了布料的光澤感，所以花色看起來十分柔和。

●細棉布 (lawn)／平紋織法

它是一種具有透明感的薄布，多數爲棉質，常用來搭配夏季的T恤等。製成花色領巾時，因爲摺疊後會透出不同的圖案，所以適合運用能表現這項特色的打法。

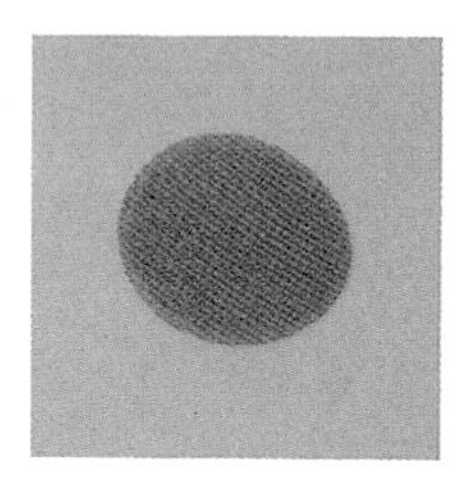
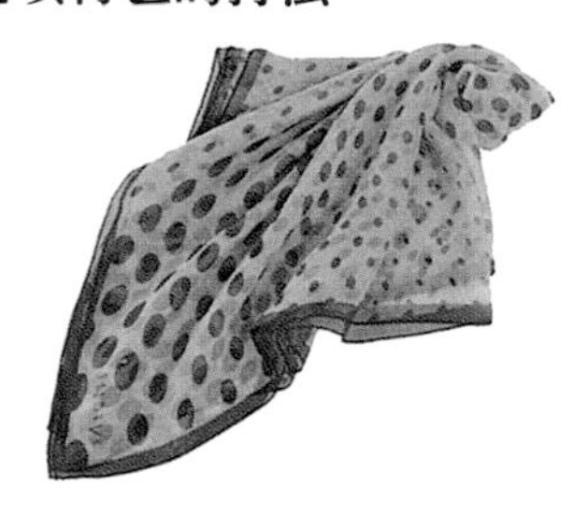

●薄紗布 (gauze)／平紋織法

這種織法布面有寬鬆的網狀縫隙，特色是輕薄具透明感。它的觸感清柔，適合春至秋季使用，而且不易變皺，很適合搭配日常便服或休閒服。

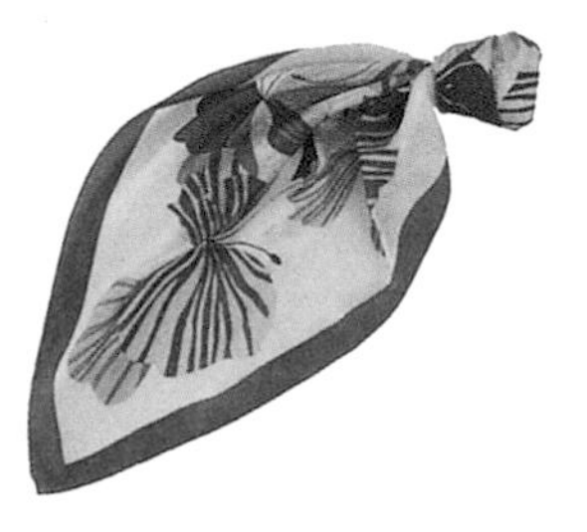

●水手布 (chambray)／平紋織法

這種織法是經線使用色線，緯線使用白線，布面看起來會呈現細條紋圖樣，質感柔和、典雅。

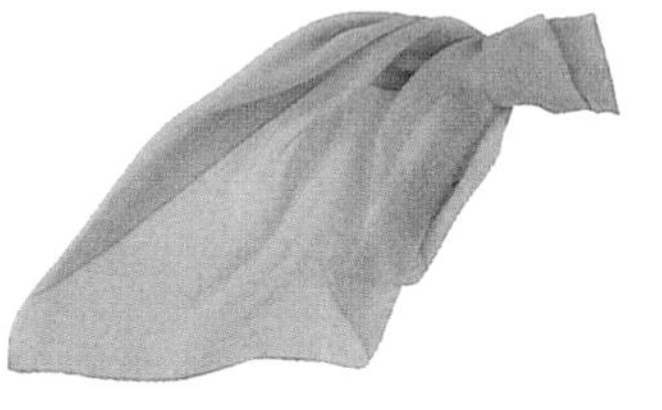

●喬其紗 (georgette)／平紋織法

它是經線和緯線都使用強撚線的織法，布表會有皺紋，因爲布面皺縮的質感有如梨子粗糙的表皮，所以在日本也稱爲梨面織法。它的觸感雖然略顯粗澀，但質感卻很柔美。

●提花 (jacquard) 織法

這是組合數種織法使布面呈現圖案的織法，這種織法即使用單色線也能織出花紋，質感相當高雅。有些提花布會再加工染色，以表現複雜的花色。這種織法也能在圖案部分使用色線，讓花色更加醒目、立體。

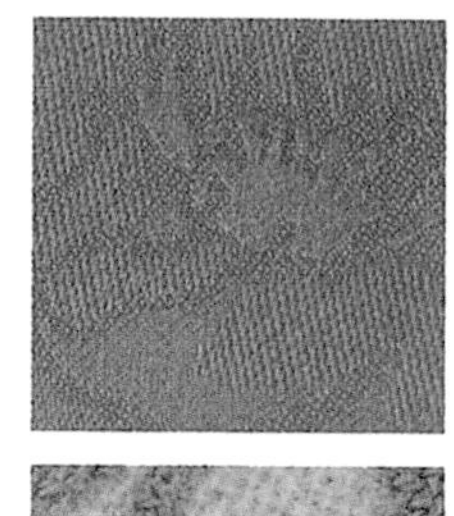
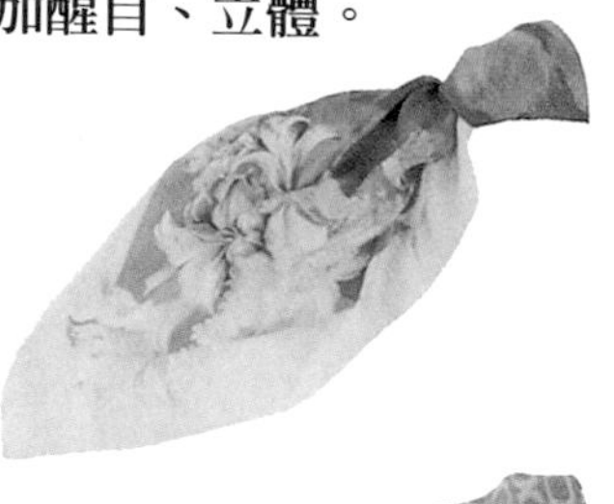
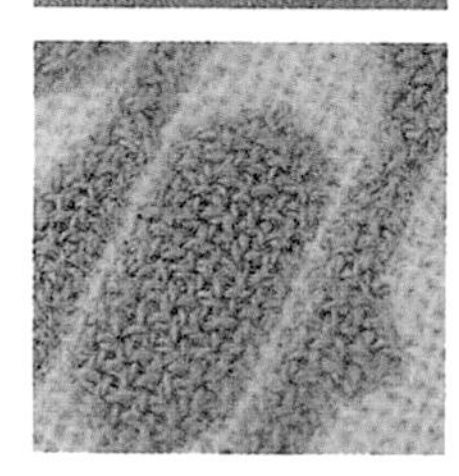

●混合織法

這種織法也是組合了數種織法，布面交互運用各種不同的織法，有的會呈現條紋圖樣，有的只在領巾前端變換織法，有的甚至是縫合2種布等，領巾的花色顯得十分豪華。

領巾的圖案和設計

每條領巾都有各式各樣不同的圖案，多數正方形領巾設計有邊框，中央則有其他圖案。有些領巾的圖案全部重複一致，有些是從中央朝邊緣擴展，有些是大圖樣、有些是小碎花等等，不同圖案打出來的結飾，給人截然不同的印象。長領巾大多是重複的圖案，只會在前端加上重點設計，此外，有些領巾還有織花、串珠、繡花等不同的設計，樣式十分豐富。

印花圖案

印花領巾的圖案，主要有馬具、寶石等傳統圖案，幾何、格子、條紋、圓點等構圖單純的圖案，以及華麗的花紋、變形蟲圖案等。

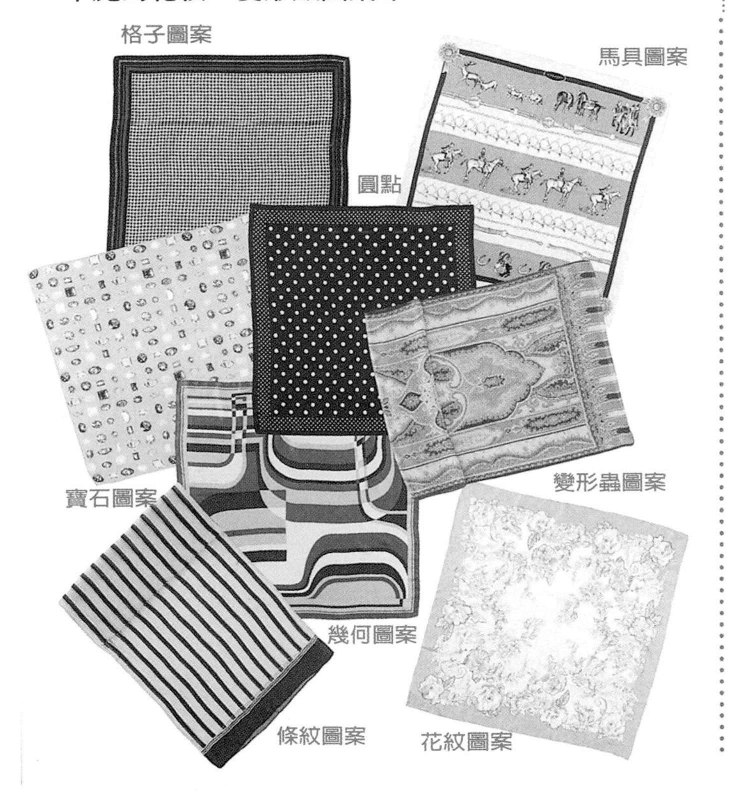

織花圖案

織花領巾視不同的織目，有的呈現立體圖案，有的是用染色的色線織出格子或條紋圖案。

以強弱不同的光線來突顯圖案

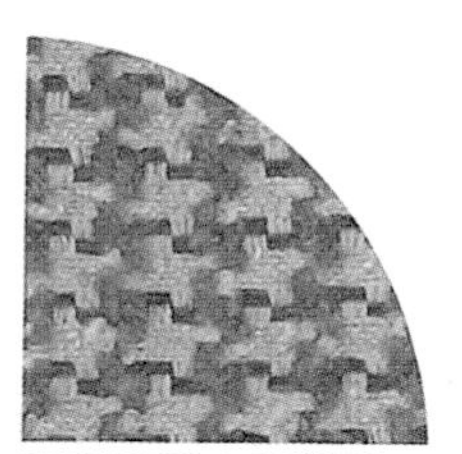
運用織目來表現千鳥格紋圖案

串珠‧繡花

領巾上加縫串珠、亮片或假鑽等，或是繡上各式花樣，都能使它顯得更華麗。

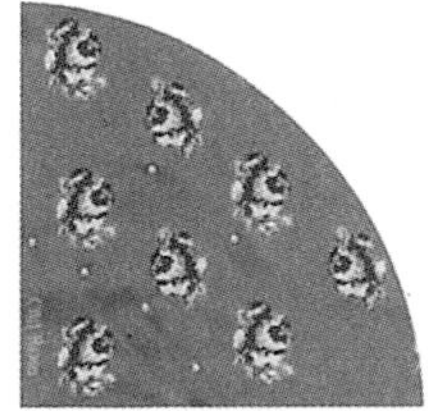
縫上假鑽

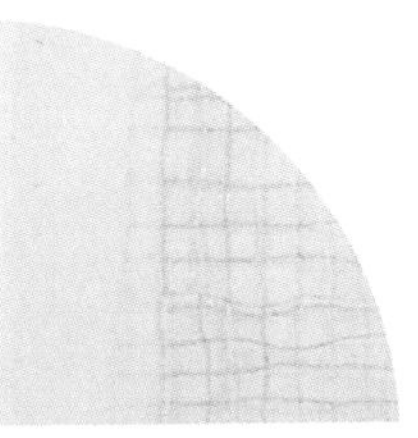
繡花

基本的摺法

幾乎所有領巾的打法都是先摺疊後打結。即使是相同的打法，也因爲摺法不同而有不同的風貌，所以了解基本的摺法後，運用起來就很順手。領巾最初的摺法，會影響完成後的美觀度，因此摺疊時最好要細心摺整齊。邊角沒對齊無法呈現漂亮的重點圖案，看起來也會覺得歪斜不正，而且摺不平均，結眼很容易鬆開。以下將介紹能打出漂亮領結的基本摺法。

特色是運用對角線
讓領巾變成好打結的長條狀

斜摺法

適用領巾：正方形

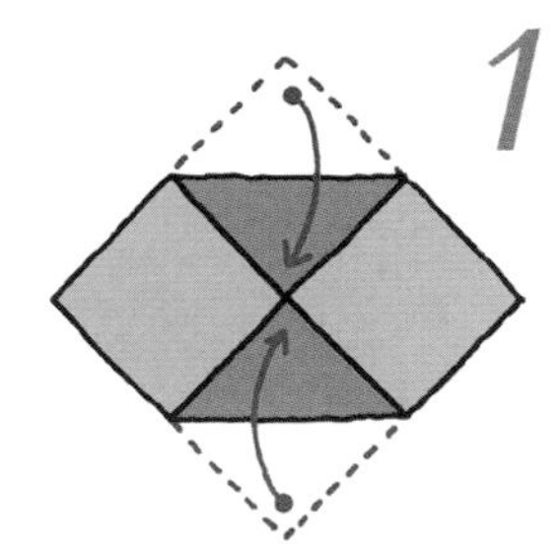

1 領巾反面朝上攤開，將上下一雙對角朝中心點翻摺，摺的時候要留意對準中心點，而且讓摺幅均等，想呈現的圖案最好位於橫向的對角線上。

2 2將上下再往中央等分翻摺一次。

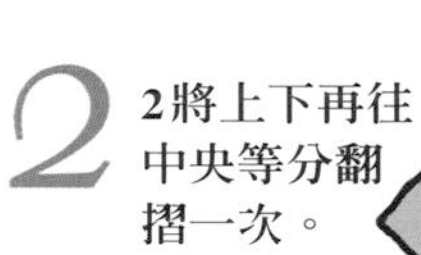

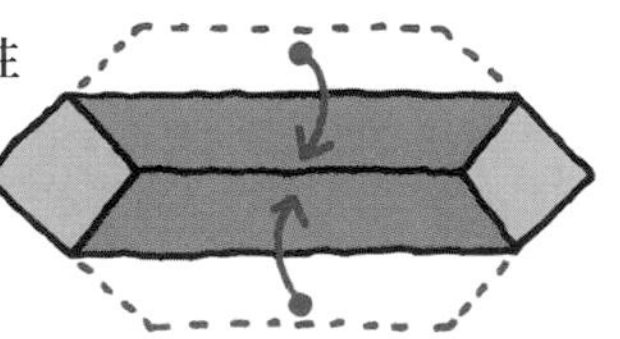

3 摺成1/3的寬度。

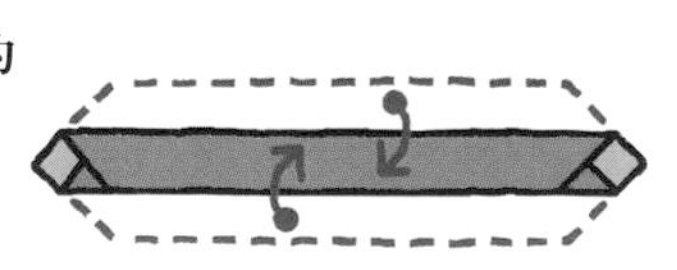

4 再摺一次成爲1/3的寬度。想讓領巾寬一點，可以減少摺疊次數。

這種摺法能呈現較廣的面
適合用來展現領巾的圖樣

三角摺法

適用領巾：正方形

1 領巾反面朝上攤開，沿對角線對摺成一半，想展現圖案的邊角不要摺。

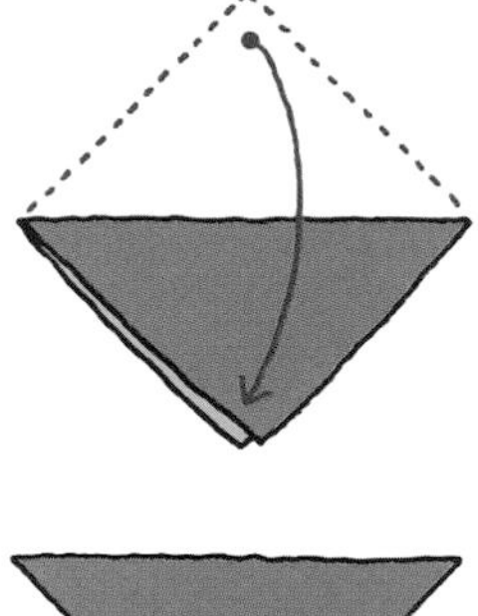

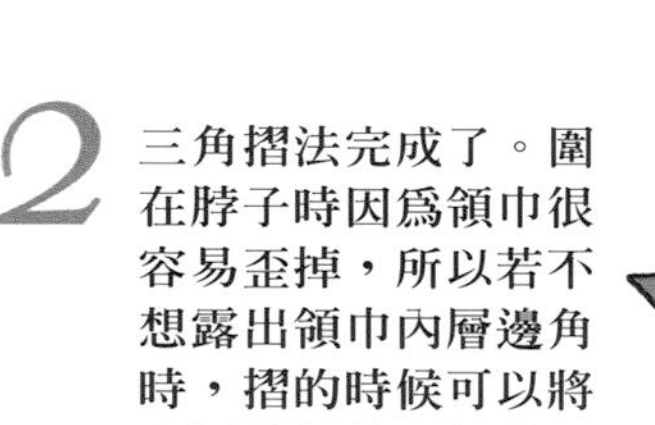

2 三角摺法完成了。圍在脖子時因爲領巾很容易歪掉，所以若不想露出領巾內層邊角時，摺的時候可以將內層稍微往內偏移一點。

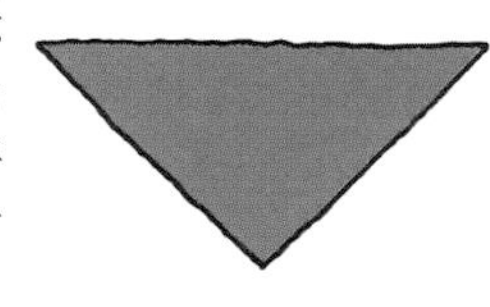

+α 將領巾底邊摺一摺，圍在肩上時較不容易歪掉。

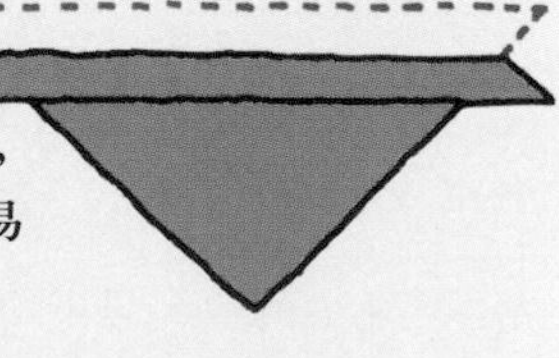

+α 反覆摺疊成百摺狀後，就能像斜摺法一樣運用。

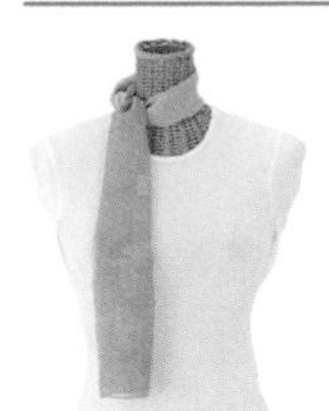

這是長領巾的基本摺法
打好的結飾較厚實、牢固

長方形摺法

適用領巾：正方形・長方形・披肩・圍巾

摺2摺

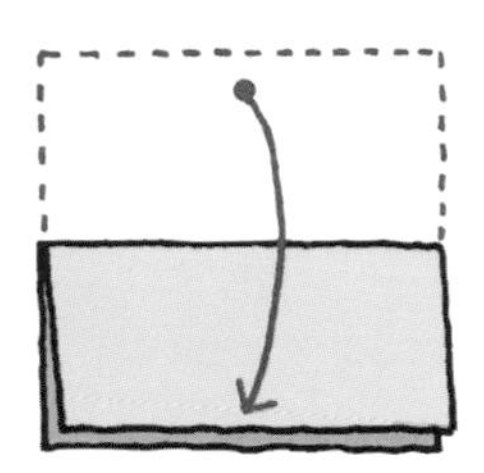

領巾反面朝上攤開，橫向對摺成一半。

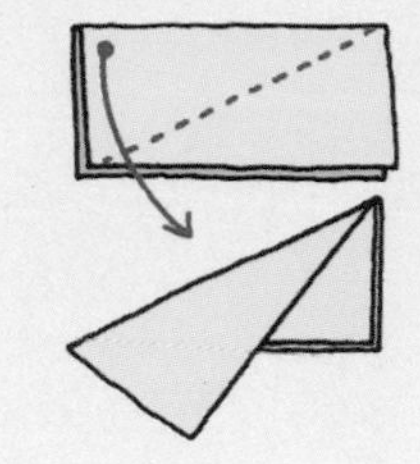

+α 沿著長方形的對角線翻摺。【雙三角】。

摺4摺・摺8摺

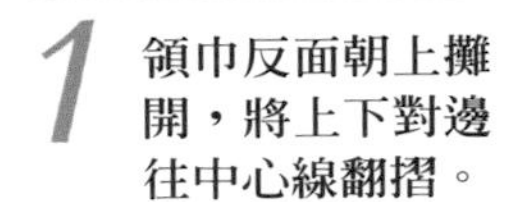

1 領巾反面朝上攤開，將上下對邊往中心線翻摺。

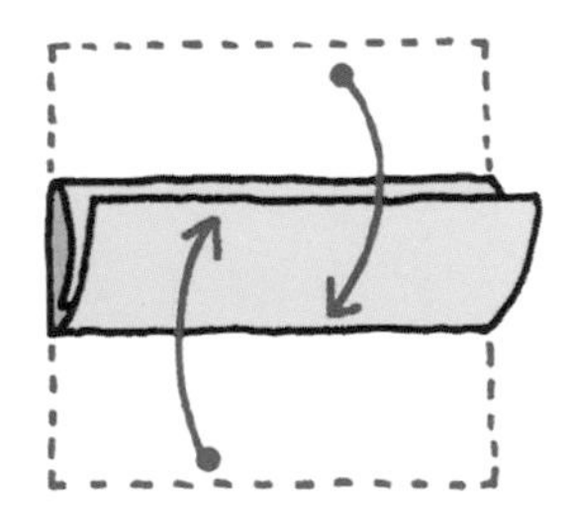

2 對摺成一半。【摺4摺】

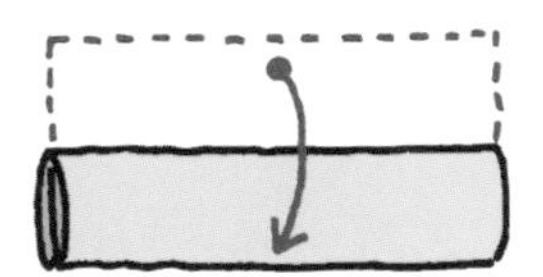

3 再對摺成一半。【摺8摺】

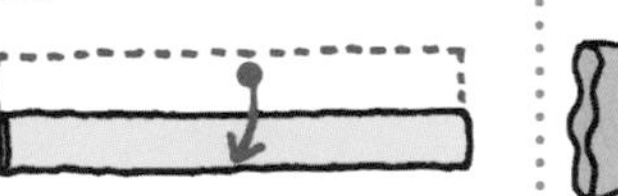

摺3摺

領巾反面朝上攤開，上下往內翻摺成1/3的寬度。

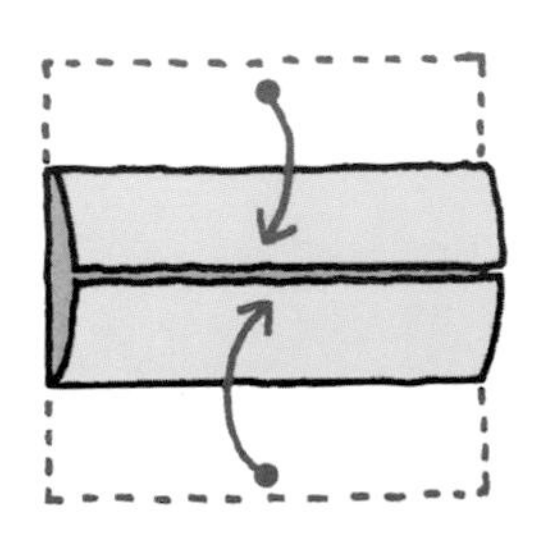

依摺紋展開方式能呈現不同風貌它的特色是較爲華麗

百摺法

適用領巾：正方形・長方形

1 領巾正面朝上攤開，從邊端先向反面摺5～6 cm寬，然後依此摺幅反覆摺疊。一面摺一面以指頭緊捏領巾兩端加以固定。

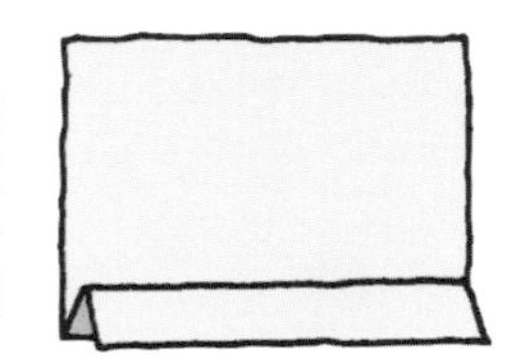

2 反覆摺疊到最後，讓它上下面都呈現正面，然後兩端用夾子固定。若領巾較長，要小心加以固定。

這是將領巾當細繩運用的摺法
十分適合用來搭配便服

扭轉法

適用領巾：正方形・長方形

長領巾

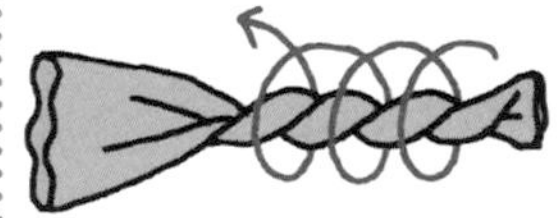

用手一面固定領巾的一端，一面扭轉領巾。領巾扭轉前可以不摺，也可以先摺3摺，或是沿對角線摺好後再扭轉。

正方形領巾

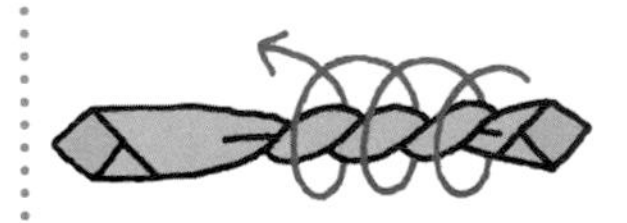

握住斜摺（請參照左頁）好的領巾兩端，然後扭轉。爲了避免斜摺好的領巾散開歪掉，最好用手握住摺好的兩端。

基本的打法

本單元將介紹6種任何人都能輕鬆學會的簡單領巾打法。如果學會這些打法，只要稍微改變領巾兩端的長度，或移動結眼的位置等，就能輕鬆變化出10多種不同的花樣。若再配合各種摺法，就能變出數十種結飾。現在，我們就從最基本的打法開始，一起享受美麗的領結帶來的樂趣吧！

這是最簡單的打法
也可以用別針固定

單結

1 將領巾圍在頸部，兩端交叉，上方的稍微長一點，長端繞過短端下方往上穿出打個單結。

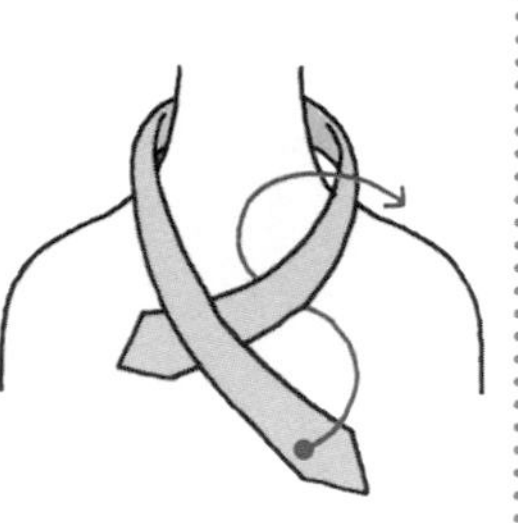

2 外形調整端正。

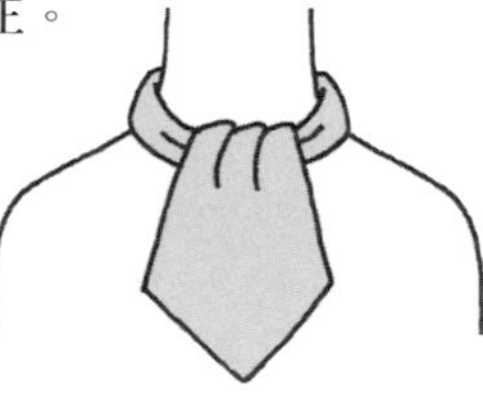

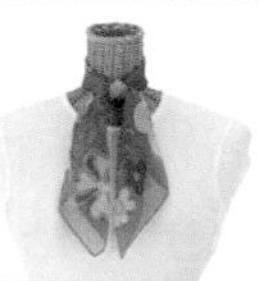

這是正方形領巾的基本打法
讓斜摺邊角展現各種風情

平結

1 將領巾圍在頸部，兩端交叉，上方的稍微長一點，長端繞過短端下方往上穿出打個單結。

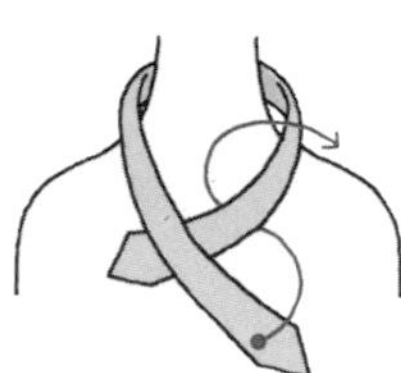

2 下方的短端拉向反側，從上穿出的長端繞過短端再打個結。

3 調整結眼和兩端外形後，將結眼移至喜歡的位置。

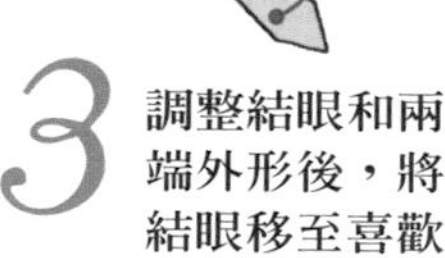

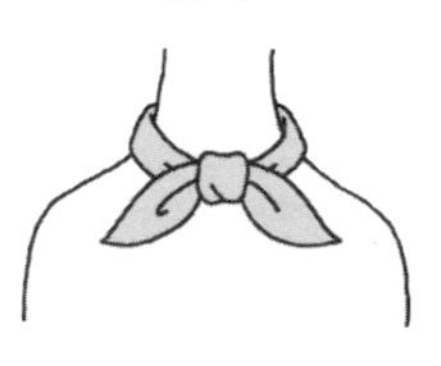

這種打法比平結還簡單
也可以穿過結圈成為單蝶結

圈結

1 領巾一端保留一點長度後打個鬆結，然後圍在頸部，將另一端穿過鬆結的結眼。

2 拉緊結眼加以固定，再將結眼移至喜歡的位置。

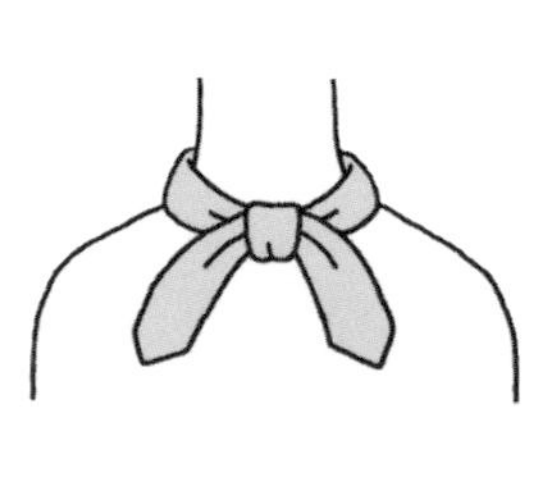

這種結飾適合柔美的服裝
仔細繫綁讓領巾的正面朝外

蝴蝶結

1 將領巾圍在頸部，兩端交叉，上方的要留長一點，長端繞過短端下方往上穿出打個單結。

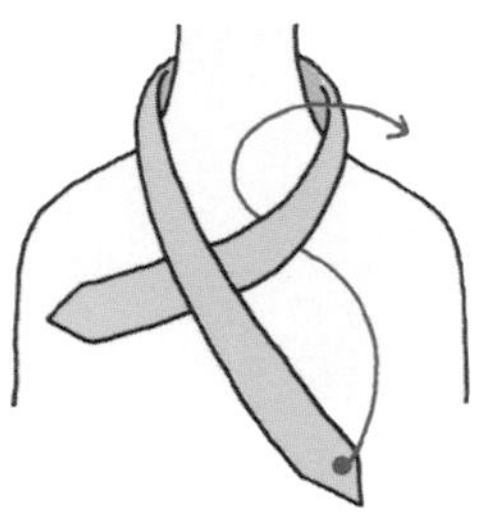

2 下方的短端往反側摺個圈，從上穿出的長端繞過摺圈綁成蝴蝶結。

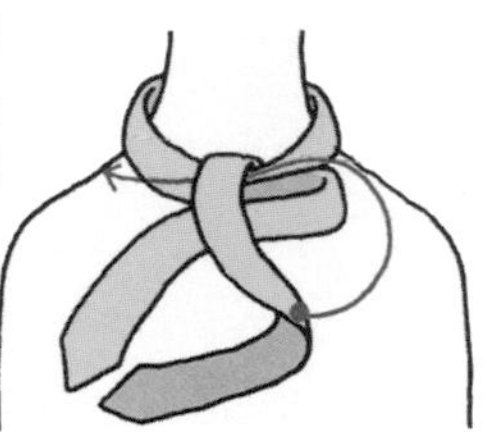

3 領巾全調整成正面朝外，結眼移至喜歡的位置。

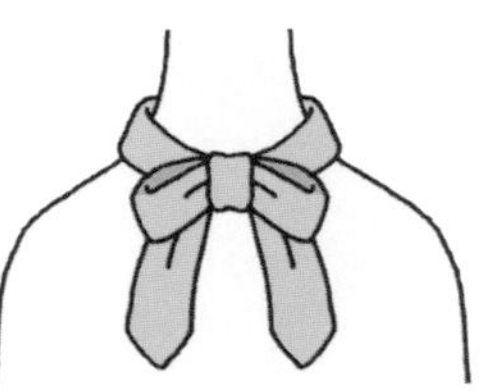

這種打法適合帥氣的造型
結眼打得較鬆也能搭配便服

領帶結

1 將領巾圍在頸部，左右長度調整成3比1的比例，長端置於短端上方交叉，再從短端下方繞回上方。

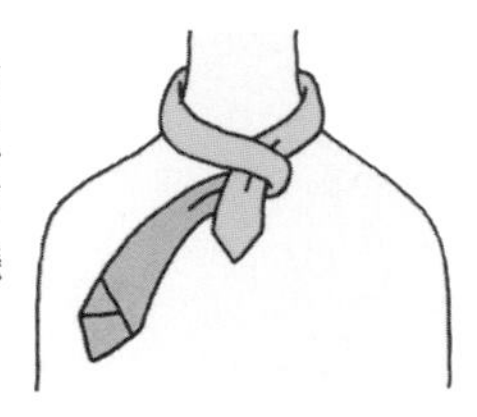

2 長端繞到上方交叉後，從圍住頸部部分的下方往上穿出。

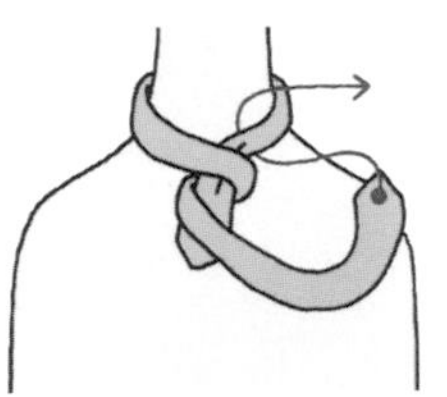

3 將長端穿過結圈。

4 適度地拉緊短端，調整結眼的形狀。

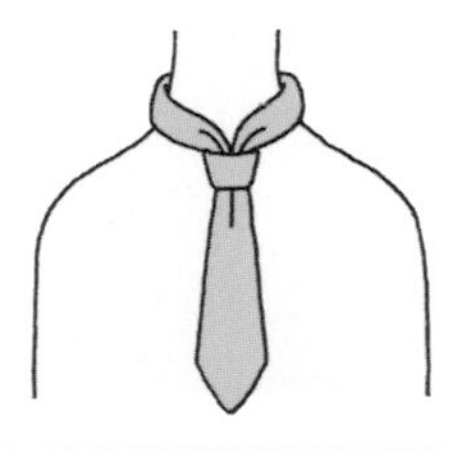

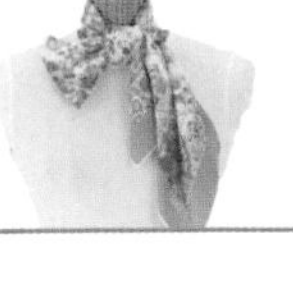

散發率真氣息的蝴蝶結
以左右不對稱來表現動感

單蝶結

1 將領巾圍在頸部，兩端交叉，上方的要稍短一點，短端繞過長端下方往上穿出打個單結。

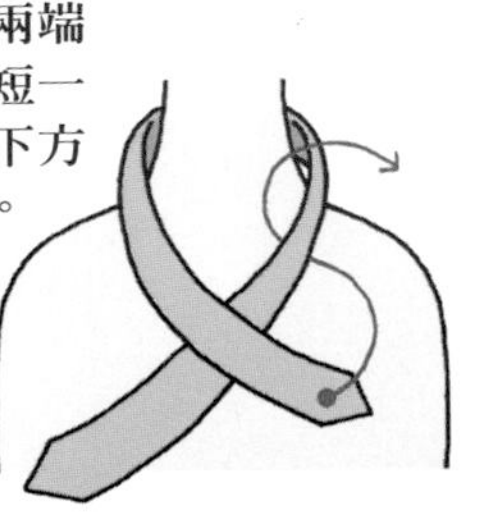

2 下方的長端往反側摺個圈，從上穿出的短端繞過摺圈，再從結眼穿出。

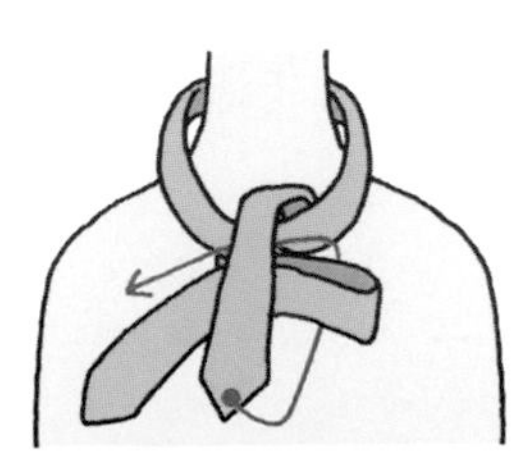

3 領巾全調整成正面朝外，結眼移至喜歡的位置。

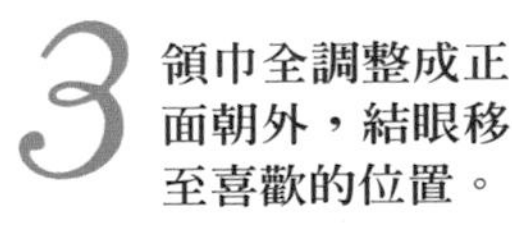

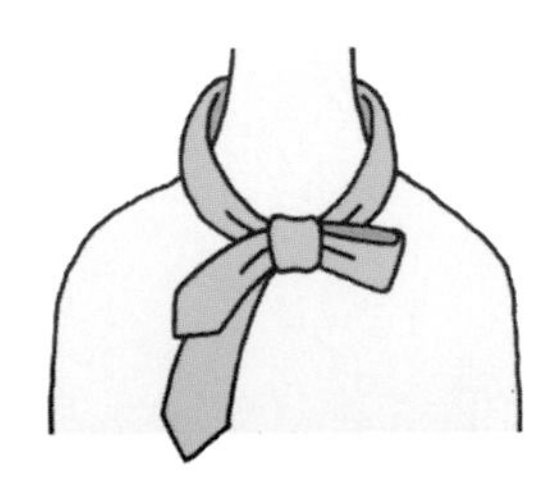

摺法和打法的基本組合

長方形摺法

這裡是將第14～17頁介紹過的5種摺法和6種打法組合運用的基本範例，只要組合簡單的摺法和打法，就能展現各種搭配創意。

各種搭配領巾的裝飾品

飾品可加強領巾的裝飾效果，也能代替打結固定領巾，它是使領巾更出色的重要功臣。從領巾專用到利用各種現成的飾品等，能運用的種類繁多。不妨搭配看看來提升領巾的質感。

領巾用飾釦

只要將領巾前端穿過飾釦的左右兩端，就能輕鬆固定，是很方便實用的裝飾品。

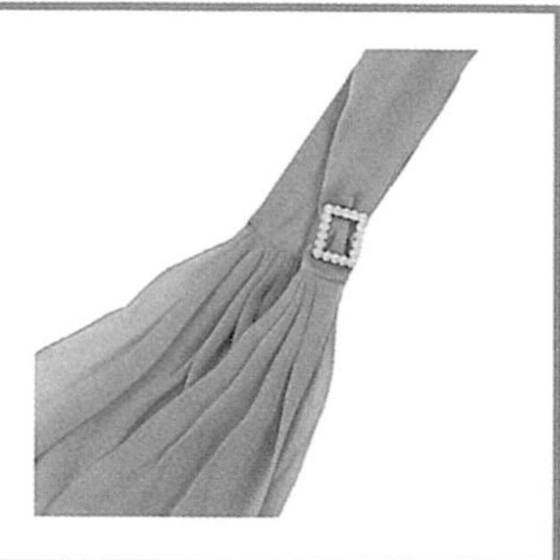

領巾用裝飾夾

這種裝飾夾能夾住接合處固定領巾，雖然它看起來像別針，但因為不會讓布穿出針孔，所以適合貴重的領巾使用。

領巾環・戒指（9號尺寸）

將領巾兩端以同方向或從左右穿入環中，就能加以固定。雖然有專用的領巾環，但是也可以用9號戒指來替代。

胸針・別針

這類飾品能用來固定領巾或加強裝飾，用途十分廣泛。

注：使用前，在領巾不顯眼處先用胸針試著別看看，以確認布紋針孔能否用指甲撥撫平整。

項鍊・垂飾

這類飾品可纏掛在領巾上，或用在大面積的結飾上，不但能成為裝飾重點，還能使領巾更具分量。

髮圈

領巾不打結時也可以用髮圈固定，最好選用能搭配領巾的顏色，也可以用附有飾品的髮圈。

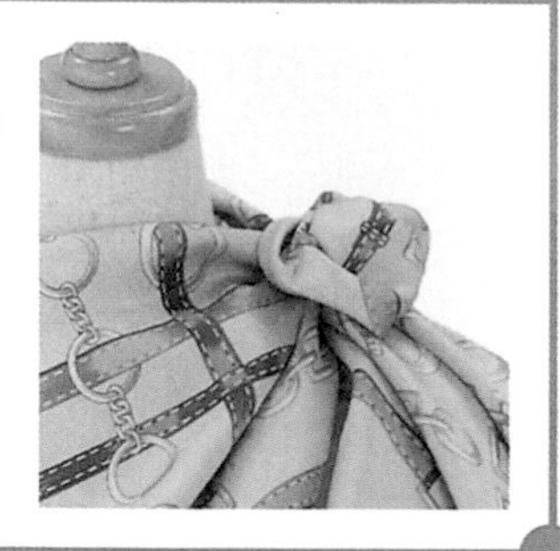

part 1

方便實用小領巾

化妝包中方便實用的小領巾
非常適合用來搭配便服，
也能裝飾一般的西服。
因爲它容易購得，很建議初學者使用。
它也可以用印花方巾或大手帕來代替。

小領巾	50～60cm大小的正方形領巾。 一般的尺寸是58×58cm。

平結

這是初學者也能輕鬆學會基本打法。只要改變領巾的材質、花色或結眼的位置，就能展現萬種風情，所以適合搭配各式服裝。帥氣的襯衫配上這款雪紡紗領巾，更添女性柔美氣息。

襯衫

紅底配上白色的邊框線條，是這條領巾主要的設計重點。
53 × 53 cm・絲100%・雪紡紗

領巾的打法

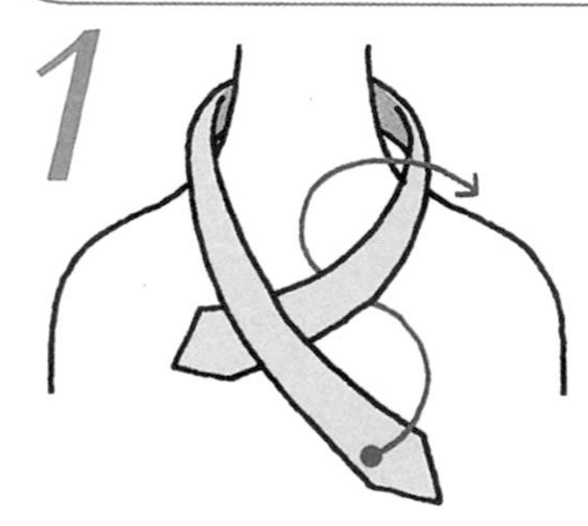

1 領巾斜摺（請參照P.14）後圍在頸部，兩端交叉，上方的要留長一點，長端繞過短端下方往上穿出打個單結。

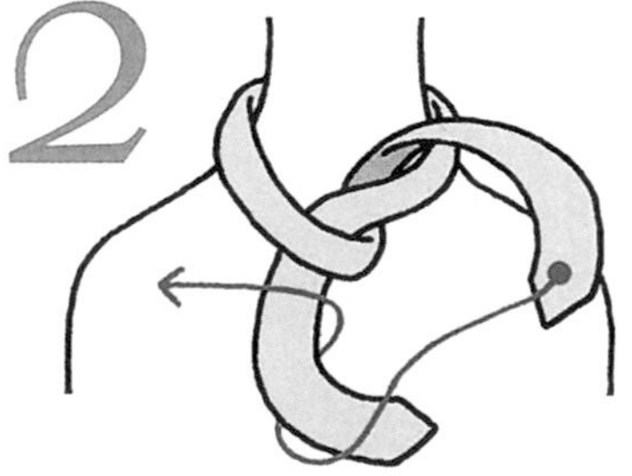

2 下方的短端拉向反側，從上穿出的長端繞過短端再打個結。

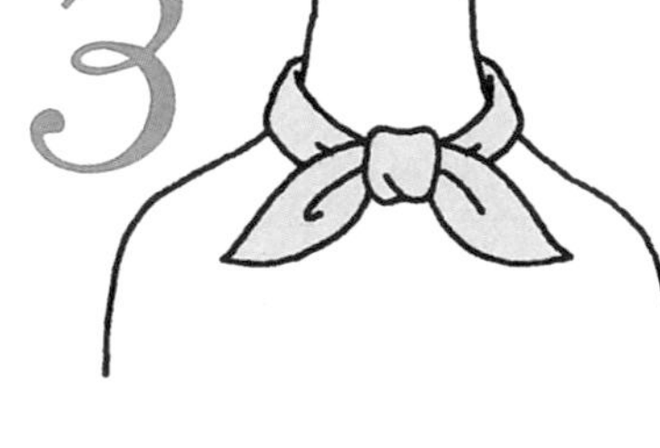

3 調整結眼和前端的形狀後，將結眼移至喜歡的位置。

Point

打第2個結時，如果上下弄反就會變成縱向的結。打結時，一面將指頭伸入結圈部分調整形狀，一面拉緊兩端，就能打出漂亮的平結。

速配的領口款式

小圓領
領巾繫在脖子上，不會蓋住領口的線條，看起來十分俐落。
58 × 58cm ・絲 100% ・雪紡紗

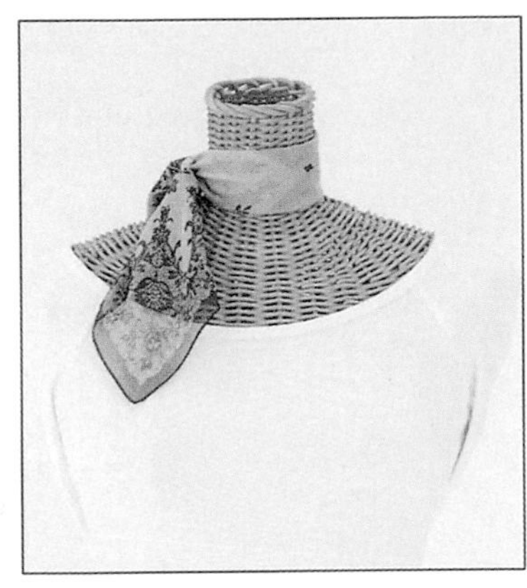

大圓領
結眼可隨喜好移至兩側，以便露出衣領的線條，領巾兩端最好分別放在前後側。
53 × 53cm ・絲 100% ・雪紡細棉布

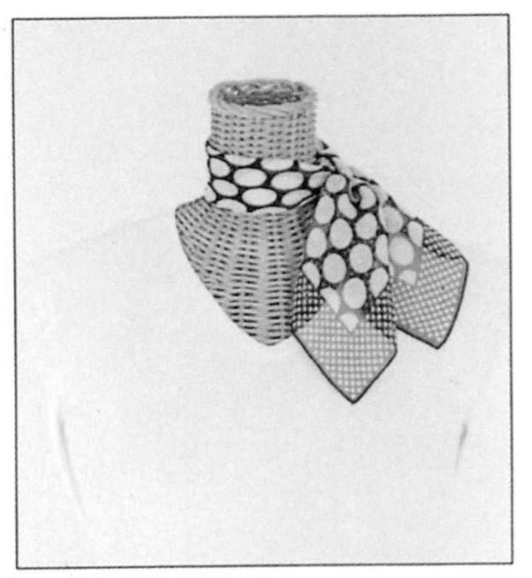

V 字領
這款是以清爽的 V 領線條，配上圖案單純的領巾。側邊的結眼可以往前移一點，讓領巾兩端錯落地垂在前面，就能形成 3 個 V 字形的線條。
53×53cm・絲 100%・雪紡紗

在頸後打結 領巾兩端移至前面
只要將結眼轉到頸後，就像是完全不同的打法，略顯保守的感覺。可以視個人當天的服裝，加以調整變化。
58 × 58cm ・絲 100% ・斜紋提花布

捲 2 圈後打個小結
如果想呈現較拘謹、嚴肅的形象，頸部的領巾可以圍得寬一點。先將摺幅摺寬一些，在頸部圍 2 圈後打個小結，兩端再調整對稱就行了。
53 × 53cm ・絲 100% ・雙縐紗

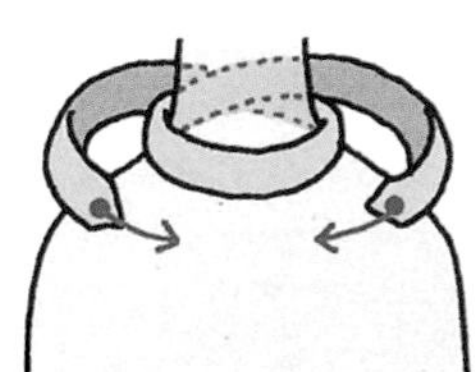

領巾中央放在頸部正面，兩端拉到頸後交叉，再拉回前面打平結固定。

水手結

這款簡單結飾的特色是，能散發少女般的青春氣息。運用有邊線的領巾，打好結後就能展現水手裝的線條效果。領巾上的1種顏色配上同色的小圓領線條，看起來好似成套的服裝一樣。

針織衫

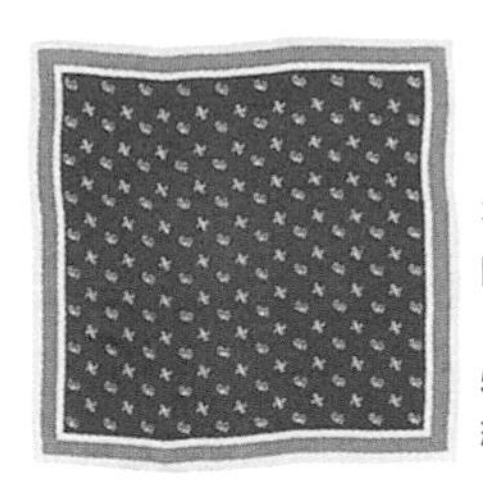

沉穩的紅色搭配黃白色的商標圖案，使這條領巾散發高雅的氣息。
58 × 58cm ・絲100%・斜紋布

領巾的打法

領巾先摺成三角形（請參照P.14），底邊再稍微翻摺一點。

Point

領巾底邊稍微摺一點，邊緣線條才不會鬆垮變型，背面的三角形也比較美觀。

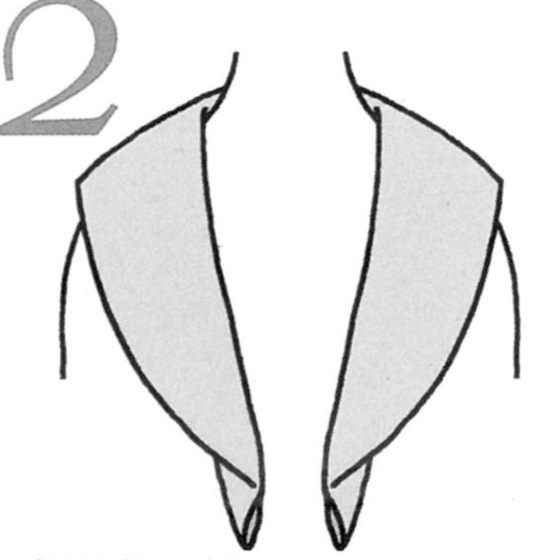

摺疊部分朝內側圍在肩上，左右兩端調整成相同的長度。

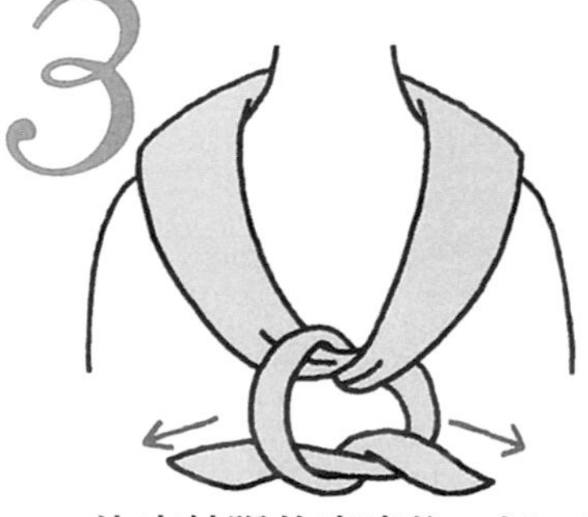

決定結眼的高度後，打2次結以平結固定。

Point

對著鏡子一面考慮想呈現的頸部線條，一面調整結眼的高度。

速配的領口款式

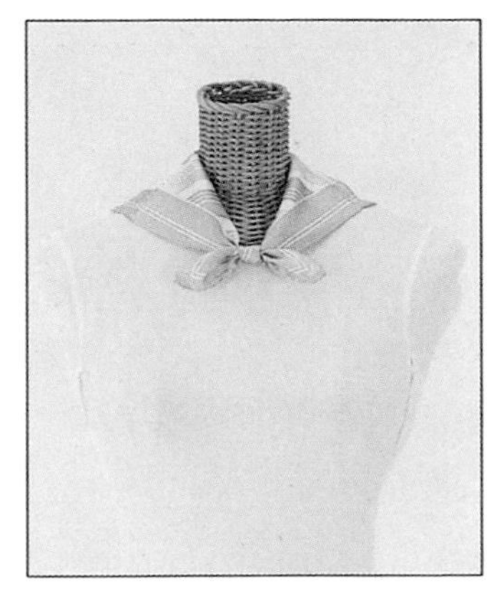

小圓領

讓結眼配合圓領的領口位置，整體顯得十分可愛。

53 × 53cm ・絲 100% ・斜紋布

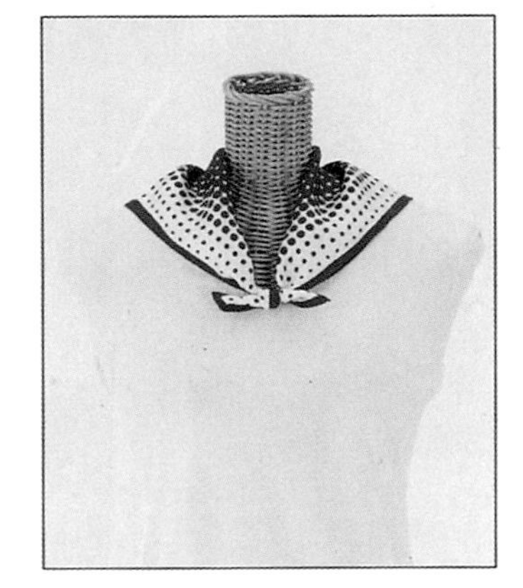

V字領

沿著小V字型領口打上水手結，這款能強調V字領的簡單裝飾就完成了。

53 × 53cm ・絲 100% ・斜紋布

Sense Up

將前端的絲帶打個鬆結

以小領巾打的水手結，給人一種可愛的印象，但如果用前端附絲帶的領巾來打水手結，領巾上的鬆弛皺摺，能散發一股華麗的氣息。在一般的領巾上，也可以自行創作加縫上絲帶。

58 × 58cm ・絲 100% ・斜紋布

小專欄 column

以小領巾作爲裝飾手帕（pocket chief）

隱約露出西裝上衣口袋，作爲裝飾用的裝飾手帕，如果以小方巾代替，不但造型多樣化，還能呈現各種不同的風格。

＊ 三角式

1 將領巾摺2次三角形。

2 將能打開的2個角，分別錯開往另一側翻摺。

3 摺好後放入口袋，若大小不合，可將角往內摺靠攏一點。

＊ 花式

1 將領巾稍微錯開對摺成2個長方形。

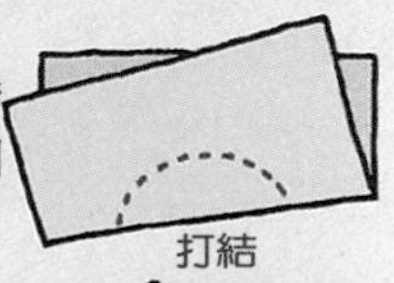

2 在摺痕中央打個結。

3 放入口袋後，調整外形。

蝴蝶結

頸部打個小蝴蝶結會顯得格外青春可愛。這裡是選用淺色圓點圖案的領巾，來襯托俏麗的蝴蝶結。打結的訣竅是，領巾要緊圍住頸部，這樣才能突顯出蝴蝶結，而且也容易搭配各種款式的領口。

針織衫

這條領巾在花形輪廓中還設計有小圓點，圖案十分新穎、獨特。
58 × 58cm ‧ 絲100% ‧ 雙縐紗

領巾的打法

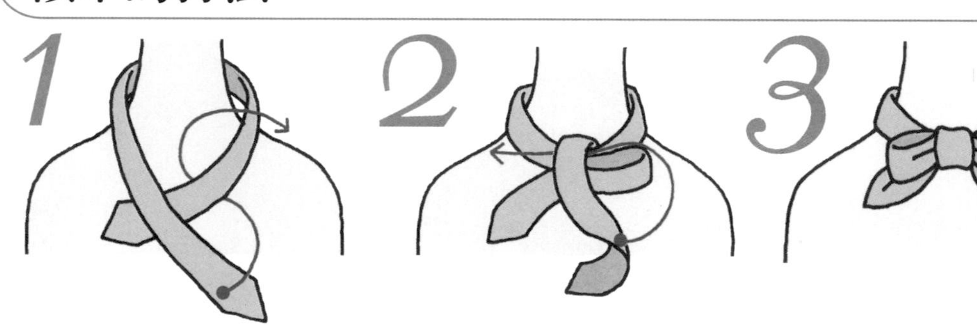

1 領巾斜摺（請參照P.14）後圍在頸部，兩端交叉，上方的留長一點，長端繞過短端下方往上穿出打個單結。

2 下方短端往反側摺個圈，從上穿出的長端繞過摺圈綁成蝴蝶結。

3 領巾全調整成正面朝外，結眼移至喜歡的位置。

Point

這是以較短的長度打出的小蝴蝶結，所以繫打的訣竅是第一個單結要緊貼頸部。

速配的領口款式

小圓領

領巾讓平凡無奇的圓領便服，散發出高雅的氣息，上面的直條圖樣，使蝴蝶結顯得更醒目。

65 × 65cm · 絲 100% · 雙縐紗

方領

柔美的方領線條，將領巾的色彩也襯托得十分可愛。

53 × 53cm · 絲 100% · 雪紡紗

V字領

直線條的V字領使蝴蝶結顯得更俏麗，從淺綠到黃綠的漸層圖案，讓頸部和蝴蝶結分別呈現不同的色彩，表情更加豐富。

58 × 58cm · 絲 100% · 條紋緞布

Sense Up

領巾扭成細條

用小領巾打的蝴蝶結特色是尺寸比較小，為了能突顯蝴蝶結，可以將圍在頸部的領巾擰成細條，這樣對比之下視覺上會產生錯覺，使蝴蝶結看起來顯得比較大。

53 × 53cm · 絲 100% · 斜紋布

將前端塞入結眼中就變成「領結」

如果將蝴蝶結的2個前端隱藏起來，就變得像領結一樣，傳統圖案的領巾比較適合這款結飾。

58 × 58cm · 絲 100% · 雙縐紗

將前端塞入結眼的後面，請一面看著鏡子，一面仔細地將它隱藏起來。

領巾先摺成三角形（請參照P.14），再從頂點開始摺細摺，摺好後拿著兩端將它擰細，再圍在頸部。

牛仔結

光是牛仔結這個名稱，就給人一種活力十足的印象，但是它也會依領巾的材質和圖案，呈現不同的感覺。這裡是用鑲有假鑽的粉紅色領巾，多添了一份女性的柔美感。爲了展現圖案，打好後要稍微整理一下皺摺。

針織衫

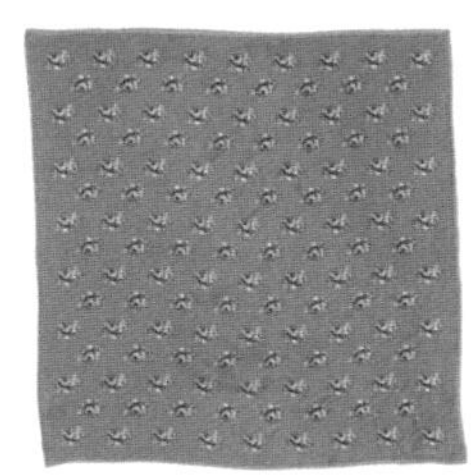

這條領巾的設計重點是，在刺繡般的花形圖案間還閃耀著假鑽的光芒。
58 × 58cm · 絲 100% · 水手布

領巾的打法

1

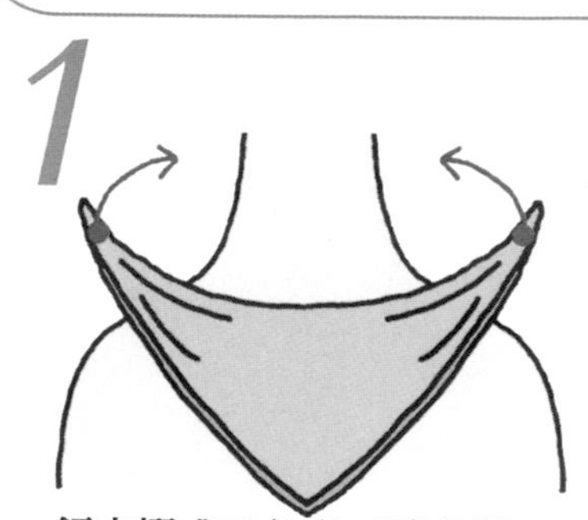

領巾摺成三角形（請參照 P.14）後，從正面向後圍。

2

在頸後打 2 次結以平結固定。

3

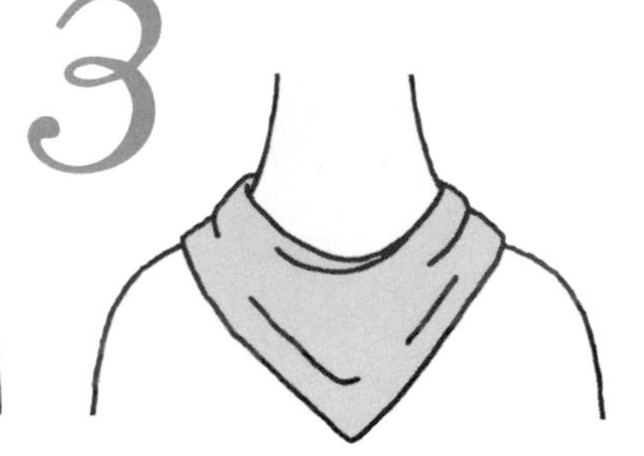

調整正面皺摺的外形。

Point

這個結飾因為領巾會呈現較大的面積，所以摺的時候要先考慮正面想露出哪部分的圖案。

速配的領口款式

小圓領

建議最好選擇領口較小的款式，這樣就不會在肩部中央看到領口線條，打好後領巾也可以稍往側邊斜拉一點。

53 × 53cm ・絲100% ・斜紋布

襯衫領

在衣領下鬆鬆地繫上領巾，就能散發一股成熟的韻味。這種打法較適合大圖案的領巾，另外也可以裝飾在衣領裡。

58 × 58cm ・絲100% ・提花斜紋布

有領外套

這樣裝飾領巾看起來好像是外套裡的衣服一樣，單純的幾何圖案和皺摺十分搭調。

65 × 65cm ・絲100% ・雙縐紗

用垂飾加強裝飾

領巾上也可以用垂飾來加強裝飾效果，垂飾的重量有固定皺摺的作用，還能增添華麗感。

53 × 53cm ・絲100% ・斜紋布

用別針加強裝飾

這種打法領巾會呈現較大的面，所以如果是花色單純的領巾，用別針來加強裝飾也很漂亮。

58 × 58cm ・絲100% ・斜紋布

領帶結

這款如小領帶般的結飾，給人一種可愛、俏皮的感覺。襯衫領解開1個鈕子，就顯得很輕鬆、休閒。如果用有邊框的領巾，更能突顯領帶的造型，這條領巾圖案類似傳統紳士所用的領帶花色。

襯衫

這條領巾上散落著多種顏色的方形圖案，四周還有邊框的設計。
58 × 58cm・絲100%・雙縐紗

領巾的打法

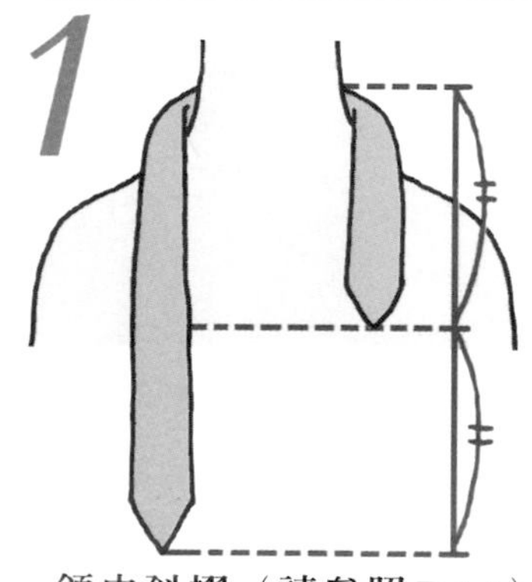

1 領巾斜摺（請參照P.14）後圍在頸部，左右長度調整成2比1的比例。

2 長端反面朝上從短端下方交叉，接著反摺翻回正面再和短端交叉。

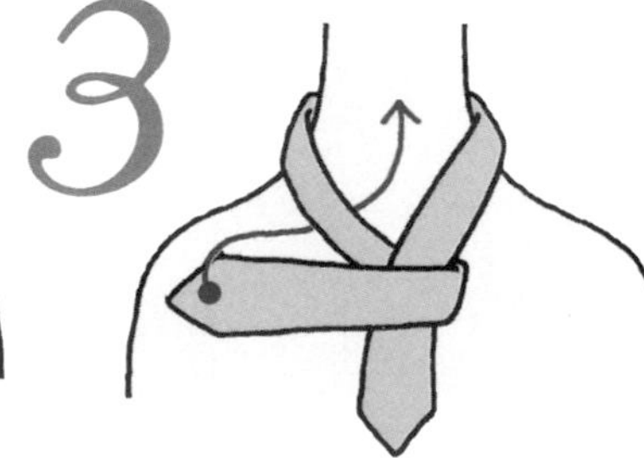

3 將長端從繫住頸部部分的下方往上穿出。

Point
這個結飾繫在頸部的部分，是斜摺後再往內摺成一半的寬度，這樣繫綁頸部才覺得整潔俐落。

速配的領口款式

高領

雖然「領帶配襯衫」是一般的觀念，但是它也很適合拿來搭配高領服裝。領帶可以調成前後等長，也可以將它左右錯開一點。

53 × 53cm ・絲 100% ・斜紋布

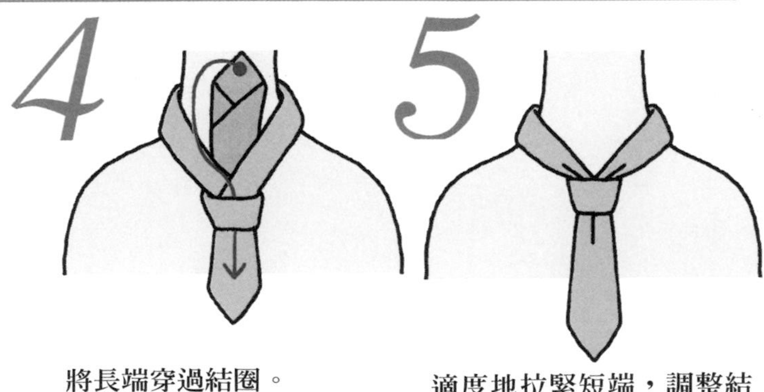

將長端穿過結圈。

適度地拉緊短端，調整結眼的形狀。

換個材質顯得更輕柔

雖然領帶結顯得較為男性化，但是用雪紡紗或蟬翼紗（organdie）等輕薄材質來打的話，就能呈現女性的柔美感。

58 × 58cm ・絲 100% ・細棉布

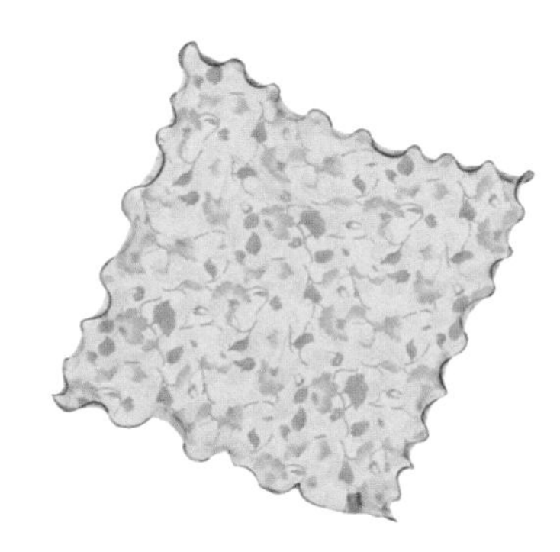

如果用有荷葉邊設計的領巾來打領帶結，能呈現猶如被風吹拂的飄逸、輕柔感。

67 × 67cm ・絲 100% ・雪紡紗

圈式單蝶結

這款左右不對稱的結飾，讓人感到一種獨特的動感與俏麗，不論是日常便服或上班服等，它都能任意搭配。繫好後摺圈部分調整成朝後，前端讓它自然下垂，外形會更美觀。運用材質細軟的領巾，更能突顯這款結飾的柔美感。

圓領衫

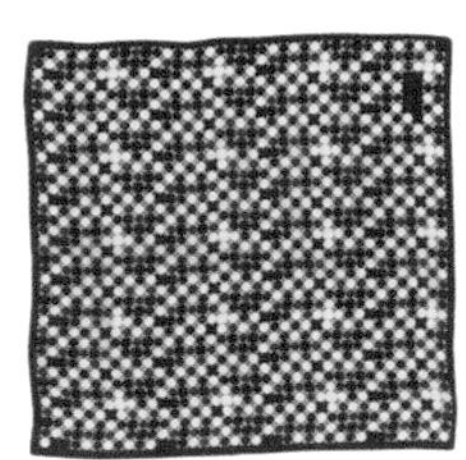

這條領巾以個性化的紅、黑、白三色來搭配，材質輕薄，感覺十分柔和、典雅。
53 × 53cm・絲 100%・雪紡紗

領巾的打法

1

約10cm

領巾先斜摺（請參照 P.14），一端保留約 10cm 後打個鬆結。

2

將領巾圍在頸部，另一端摺個圈從下穿過鬆結的結眼。

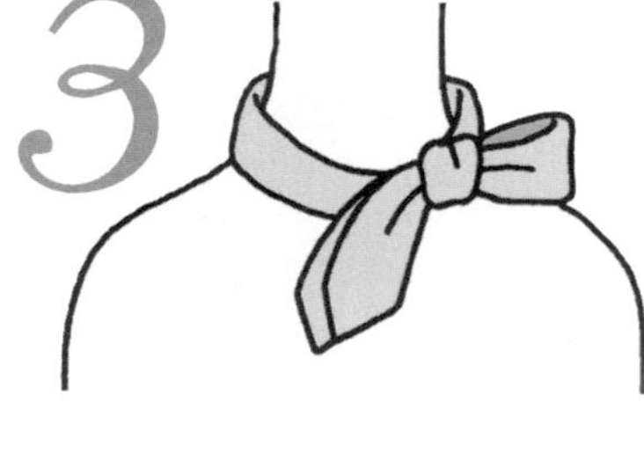

3

拉緊結眼後調整外形，再將結眼移至左或右側喜歡的位置。

Point

繫打結眼前，領巾先斜摺後再往內摺成一半的寬度，這樣繫綁才會整潔俐落。

速配的領口款式

方領
爲了能呈現方領的線條，領巾是選用較細緻的花色。
58 × 58cm・絲100%・雪紡紗

V字領
帥氣的V字領打上這款結飾，就變得較爲柔美，它也很適合搭配深V字型的領口。
66 × 66cm・絲100%・雙縐紗

襯衫領
有領的襯衫搭配輕薄材質的領巾，顯得很輕快，另外還可以束起衣領將結打在外側。
58 × 58cm・絲100%・泡泡紗

鬆鬆地繫在頸部形成懸垂線條

這款結飾因為單蝶結會變小，所以也可以調整成圈環朝前，領巾前端朝後，但一端分開往前面放。

這個結飾也可以將一端穿過結眼打個短單蝶結後，讓領巾在頸部形成鬆垂的線條。想呈現較典雅的感覺，或是穿著領口較窄的服裝，都很適合搭配這款結飾。比起輕柔的雪紡紗，使用較厚重的斜紋布或緞布，領口弧線會比較漂亮。
53 × 53cm・絲100%・斜紋布

小專欄 column

用手帕或印花方巾取代小領巾

搭配一般休閒便服所用的小領巾，也可以用大手帕或印花方巾來取代。如果是棉質的，由於能吸汗，所以夏天也能安心使用，而且還具有防曬的作用。

本書中介紹的小領巾結飾，全都可以用手帕或方巾取代。因爲它們的材質和絲質領巾比起來比較硬，所以打蝴蝶結等較細緻的結飾時，最好先仔細摺好後再繫打。

領巾結

這款結飾雖然一般都是放在夾克或襯衫的領口內，可是如果領巾尺寸較小，前端放在領外也很漂亮。組合字母成的圖樣，更突顯出領巾結優雅的風格，它也很適合搭配別針等小飾品喲！

襯衫／別針

這條印有傳統組合字母圖案的領巾，是想表現帥氣造型時的最佳利器。
53 × 53cm ・絲100%・斜紋布

領巾的打法

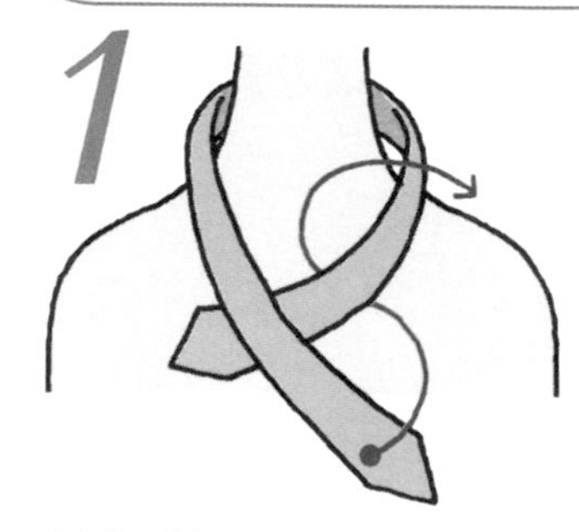

領巾斜摺（請參照P.14）後圍在頸部，兩端交叉，上方的稍微長一點，長端繞過短端下方往上穿出打個單結。

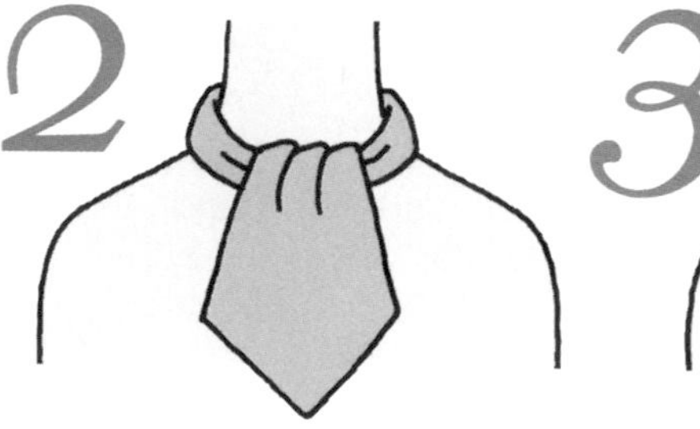

一面將從上穿出的長端拉寬，一面調整美觀。

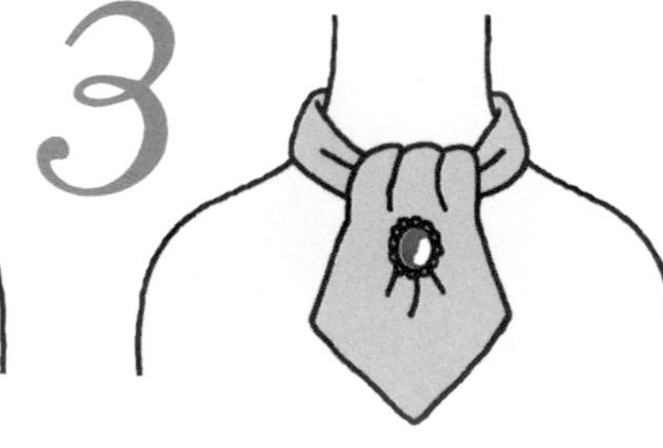

上下一起以別針固定。

Point

繫打領巾結的訣竅是，結眼稍微弄窄一點，這樣領帶的外形會比較美觀。雖然也可以讓它自然打摺，但是將皺摺整平後，結飾看起來會比較整齊。

速配的領口款式

小圓領

如果是搭配線條單純的領口，即使不用別針來減輕它的沉重感也無妨。將領巾緊圍在頸部，前端稍微往側邊偏移一點，又能呈現另一番風情。

53 × 53cm ・絲100% ・斜紋布

有領外套

襯衫型外套和領巾結是最基本的搭配法，它也很適合用來裝飾小領口的合身女裝。因爲領口已經將領帶壓住，所以不必再用別針固定，這條斜向條紋圖案的領巾，打好後在領帶部分就形成橫條紋。

53 × 53cm ・絲100% ・斜紋布

無領外套

領巾結非常適合搭配正式的服裝，打的時候要將領巾貼住頸部，讓領巾和領口間能夠露出一些肌膚。

53 × 53cm・絲100%・斜紋布／別針

Sense Up

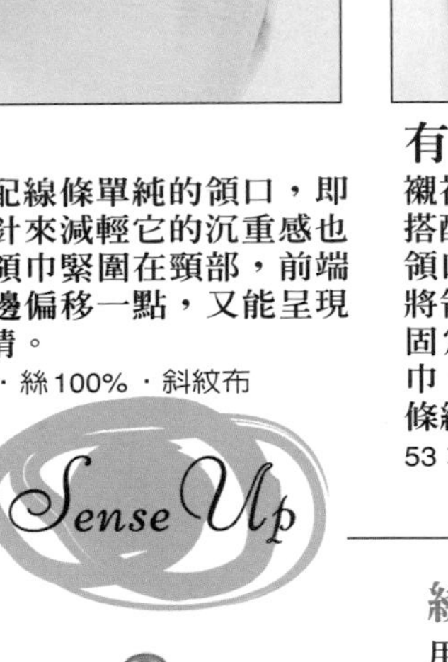

繞2圈加以定型

用小領巾打領巾結時，因爲只打一個單結很容易鬆脫變形，雖然能用別針或胸針來固定，但是若不想讓領巾穿孔或加上飾品時，建議你可以採取這種打法。

58 × 58cm ・絲100% ・雙縐紗

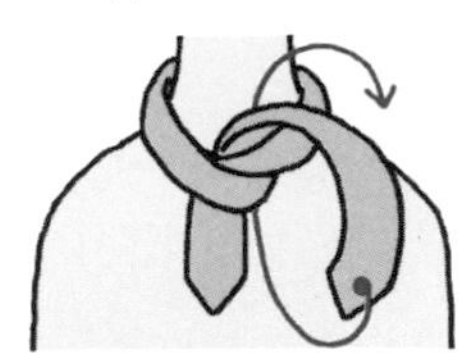

將左右端的長短距拉大一些，打一次單結後，將長端再繞一次結眼，這樣繞2圈後結形會比較穩固不變形。

改變材質

利用材質輕薄的雪紡紗或蟬翼紗領巾來打領巾結，就能呈現輕爽、柔和的質感，而不會顯得太沉重，輕薄的材質和外套也很速配喲！

53 × 53cm ・絲100% ・雪紡紗／別針

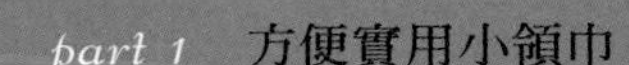

簡易扭轉結

因爲繫在頸部的部分已經擰細，所以這款結飾看起來很輕鬆、休閒。領巾的材質和扭轉力道都會影響粗細度，所以可配合服裝靈活搭配。粗條紋的海軍服式T恤和顏色單純的領巾十分搭調。

T恤

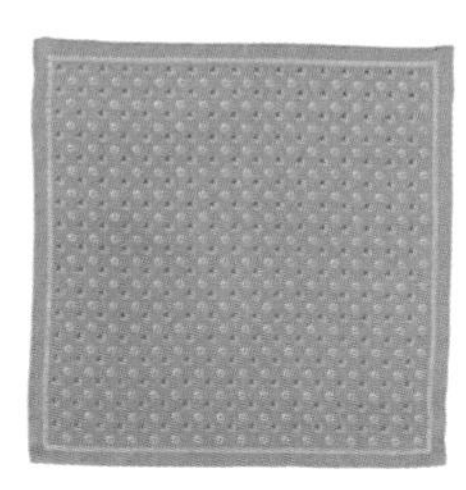

芥末黃底色配上細緻的圖案，不論搭配便服或上班服都非常適合。
53 × 53cm・絲100%・斜紋布

領巾的打法

1

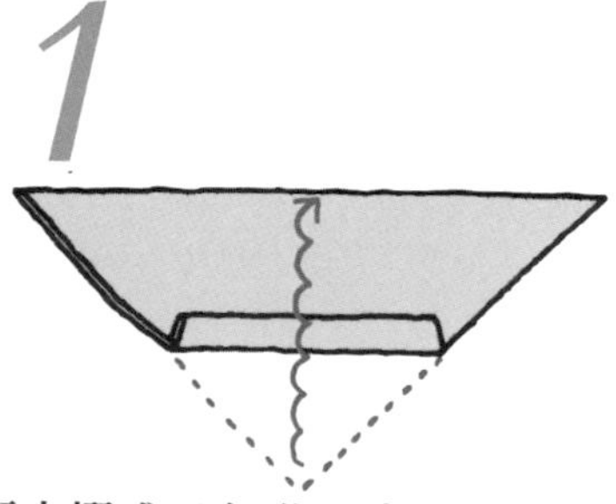

領巾摺成三角形（請參照P.14）後，從頂點開始摺細成爲帶狀，也可以捲成圓條狀。

Point

領巾從底邊摺好後，扭轉時要留意別讓三角形頂點散開露出來了。

2

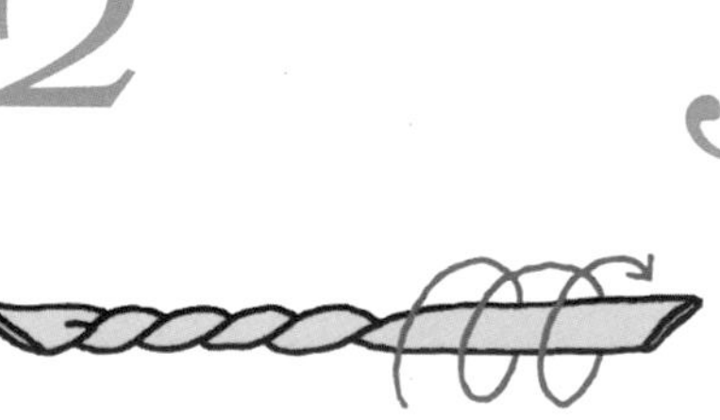

握住兩端，從一端開始扭轉。

Point

如果領巾擰得太緊，不會呈現獨特的扭轉線條，所以擰的時候要配合材質斟酌鬆緊度。

3

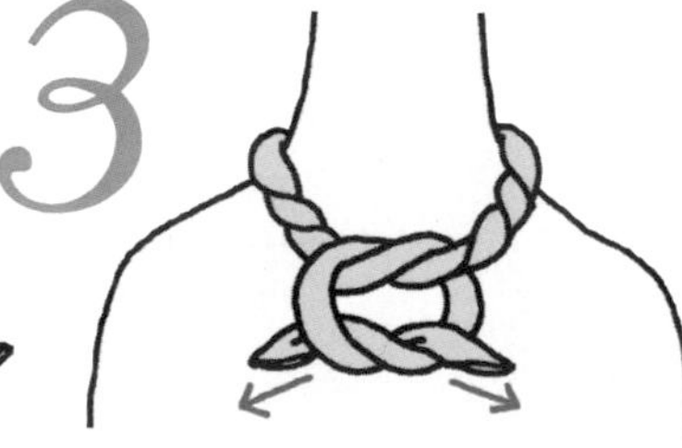

圍在頸部，打2次結以平結固定。

速配的領口款式

小圓領
順著領口線條打上結飾，結眼移到側邊，將兩端錯開放在前方以加強裝飾效果。
58 × 58cm · 絲100% · 雪紡紗

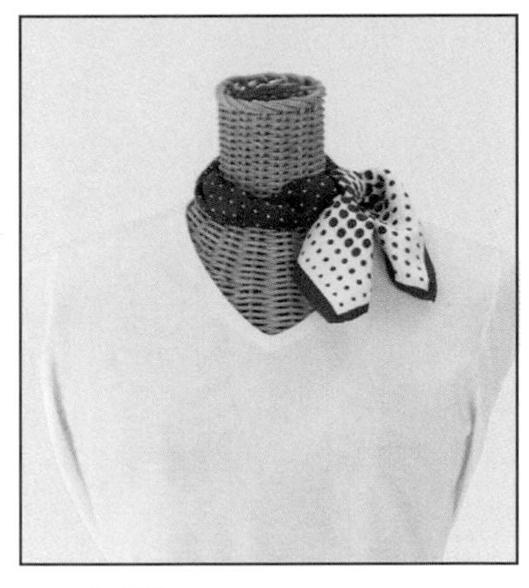

V字領
領巾擰得較鬆會顯得較粗，繫在V字領中，能使直線條領口增添圓形的弧線。
53 × 53cm · 絲100% · 斜紋布

襯衫領
如果領巾擰得較細，搭配有領的服裝也很清爽，可以選擇圖案較細緻或素面領巾。
53 × 53cm · 絲100% · 雙縐紗

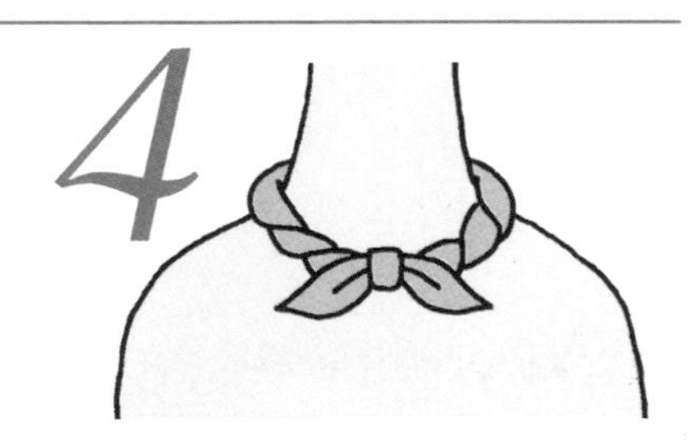

4

調整前端，結眼移至喜歡的位置。

用輕薄的材質在前端打圈結

使用雪紡紗等較輕薄的材質來打簡易扭轉結，會呈現一種很輕鬆的感覺。若用扭轉好的領巾來打圈結（請參照P.32），還會外加一份俏麗感，而且能廣泛搭配各式服裝。53×53cm · 絲100% · 雪紡紗

領巾前端保留一截先打個結，然後扭轉領巾，圍在頸部後將另一端摺個圈穿入結眼就完成了。

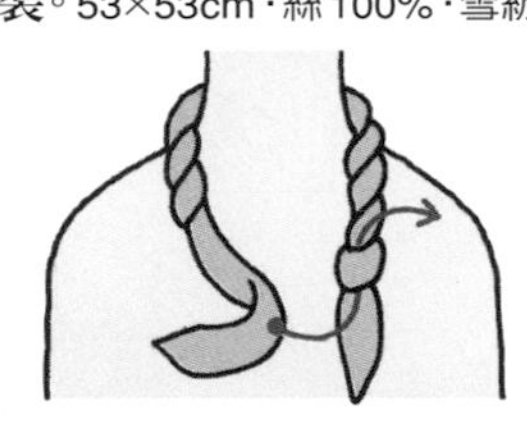

圈結

這款結飾因爲結眼比平結還小，所以就算用斜紋布等厚材質領巾來打，看起來也很俐落，散發一種優雅感。搭配大領口的衣服時，結眼可放在側邊，然後將前端分別放在前後側，做適度地裝飾。這裡是使用紅藍白三色領巾，搭配起來更顯得清爽。

V領衫

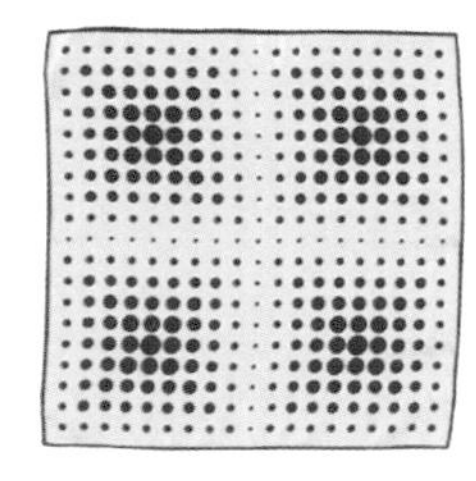

這條領巾上有逐漸變大的圓點圖案，運用不同的摺法和打法能展現不同變化。
53 × 53cm · 絲100% · 斜紋布

領巾的打法

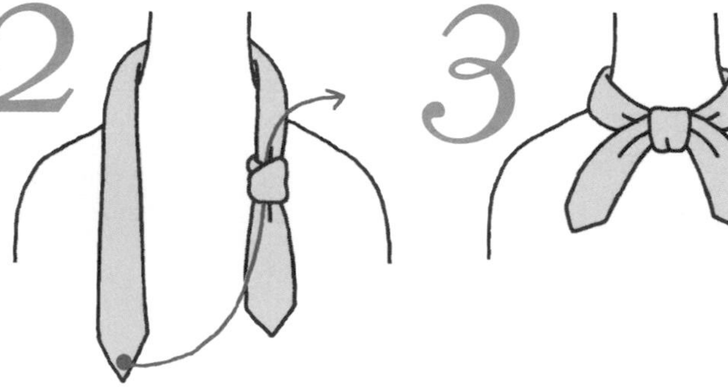

1 領巾先斜摺（請參照P.14），一端保留約20cm後打個鬆結。

2 將領巾圍在頸部，另一端穿過結眼。

3 拉緊結眼並調整前端的外形，再將結眼移至喜歡的位置。

Point
如果想讓領巾緊貼頸部，打結眼時前端要留長一點，但若想綁鬆一點時，領巾前端則可以留短一點。

速配的領口款式

方領

在橫向的方領線條中，用領巾裝飾出縱向的線條，這樣能修飾體型，使身材看起來更修長。

58 × 58cm · 絲100% · 緞質雪紡紗

高領

用圈結搭配高領裝時，結眼要放在正面，這樣能呈現一種古典、優雅的感覺。

53 × 53cm · 絲100% · 斜紋布

襯衫領

解開領口鈕釦，輕鬆地豎起領子，結眼移至側邊，前端錯落地放在胸前，這種休閒造型散發一股成熟的韻味。

58 × 58cm · 絲100% · 雙縐紗

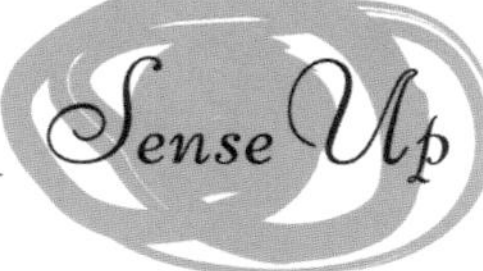

從反方向穿過結眼

將另一端和結眼採相同的方向進入穿出，結飾就會產生微妙的變化。若用這種打法，左右兩端置於前胸側邊時，會自然地合攏下垂。

53 × 53cm · 絲100% · 雙縐紗

將沒打結的那一端，從結眼的內側穿入。

區分長短來強調縱向線條

打結時若前端預留得較短，穿入結眼的那一端就會變長。想多展示一點領巾，或想以縱向線條來修飾身材時，便能應用這項技巧，而且長短差異極大的兩端，看起來也令人耳目一新。

53 × 53cm · 絲100% · 斜紋布

小型丑角結

這款以小領巾打的華麗結飾不但少見，還能搭配參加派對或晚宴的服裝。爲了維持結飾美麗的外觀，最好選用較硬挺材質的領巾。有邊框圖案的領巾，打出的皺摺會顯得更醒目，更具裝飾效果。

前扣式羊毛衫

這條領巾是褐色底配上白色小碎花，充分展現女性的柔美感。
58 × 58cm ・絲 100% ・雙縐紗

領巾的打法

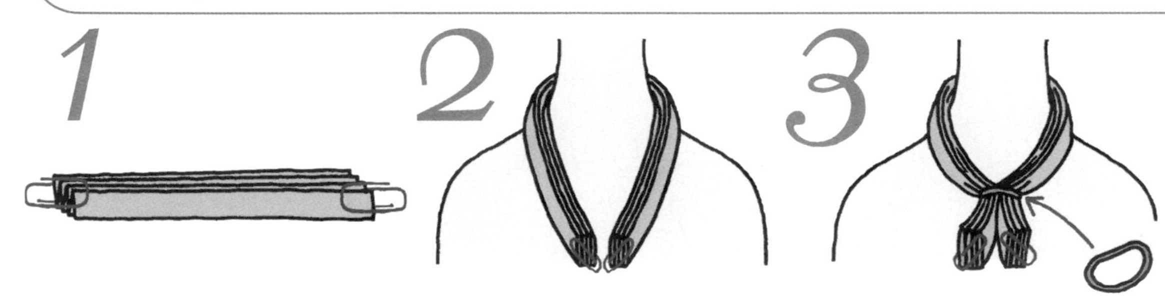

1 領巾重複摺疊（請參照 P.15）後，兩端以大迴紋針固定，夾的時候要留意別夾壞領巾了。

2 將領巾圍在頸部，前端合攏。

3 用和領巾同色系的橡皮筋圈綁固定。

Point

圍在頸部時領巾要正面朝外，摺皺摺時要特別留意這一點。沒有大迴紋針時，也可以用別針來固定。

速配的領口款式

小圓領

日常便服看似樸素的領口，打上這款結飾就變得很華麗，不過要注意皺摺不要拉太開，以免整體失去平衡感。

53 × 53cm・絲100%・斜紋布

方領

這樣組合搭配十分女性化，使用輕薄材質的領巾，結飾會顯得較輕爽柔美。

53 × 53cm・絲100%・雙縐紗

無領外套

配合外套使用稍微大一點的領巾，整體才會顯得平衡。將後側的前端皺摺疊在前側上面，結飾看起來更有分量。

66 × 66cm・絲100%・雙縐紗

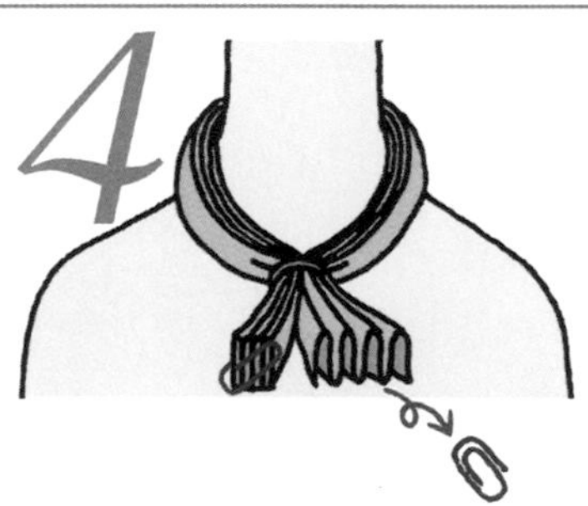

拆掉迴紋針讓皺摺散開，仔細地調整外觀。

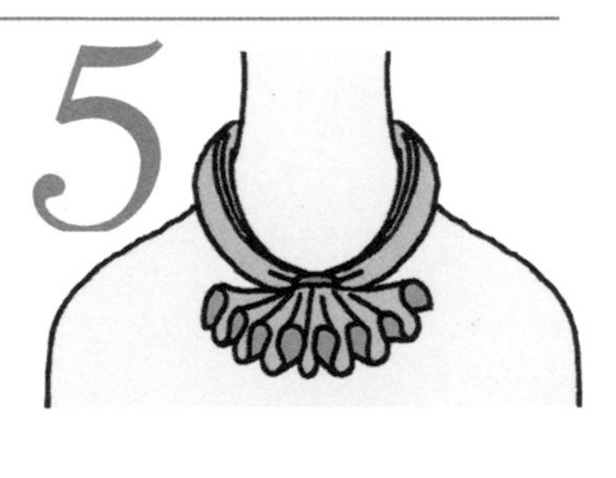

將結眼移至喜歡的位置。

Sense Up

以領巾夾固定

將領巾在頸部交叉後，可以用領巾夾代替橡皮筋固定，它會減輕皺摺的沉重感，散發成熟的氣息。

58 × 58cm・絲100%・提花緞布／領巾夾

選擇讓自己看來更美的領巾顏色

因為領巾大部分都繫在臉旁，所以選擇適合自己的顏色非常重要。
領巾能使膚色看起來變得暗沉或是明亮。
請你務必了解適合自己的顏色，做最佳的組合搭配。
本單元建議你從膚色和髮色，選擇適合的色彩。
請你穿著白上衣，或在胸前圍塊白布，
在有自然採光的明亮處，邊看著鏡子邊回答下列的問題。

診斷我的基本色

Question 1 **你的膚色屬於下列哪種類型？**

1. 屬於下列其中一種偏黃的膚色。

2. 屬於下列其中一種偏紅的膚色。

Question 2 **你的髮色屬於下列哪種類型？**

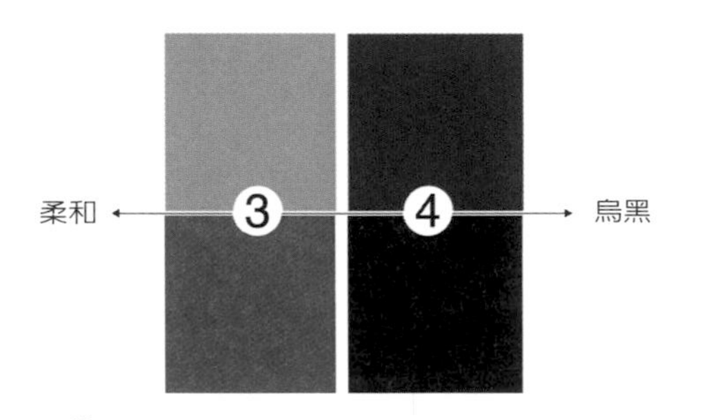

3. 淺褐色、淡黑色

4. 深褐色、濃黑色

診斷結果

1+3 A型 A type (P.43上)

1+4 B型 B type (P.43下)

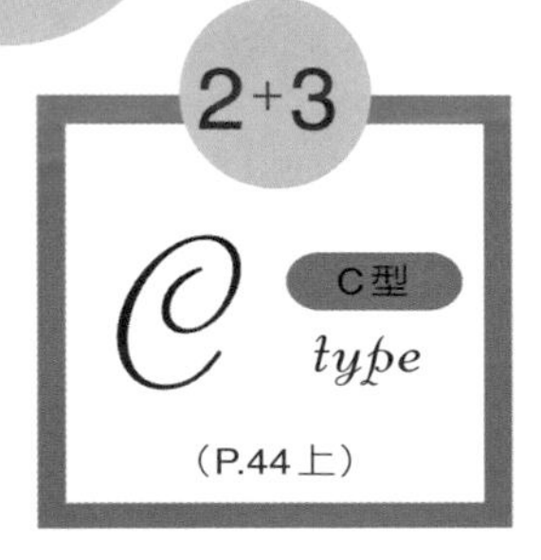

(P.44上)

2+4 D型 D type (P.44下)

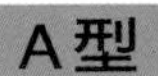

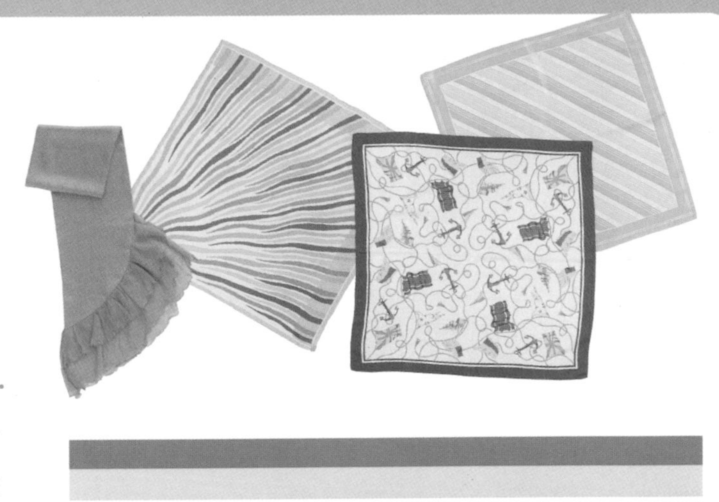

A型的人適合搭配洋溢春天氣息、明亮、具透明感的顏色。相反地濃濁的色彩會使膚色顯得暗沉，所以應該儘量避免裝飾在臉旁。

B型

B型的人適合搭配有秋天感覺、較溫暖、深濃的色彩。這樣整體的色調才和協一致，呈現沉穩、典雅的質感。

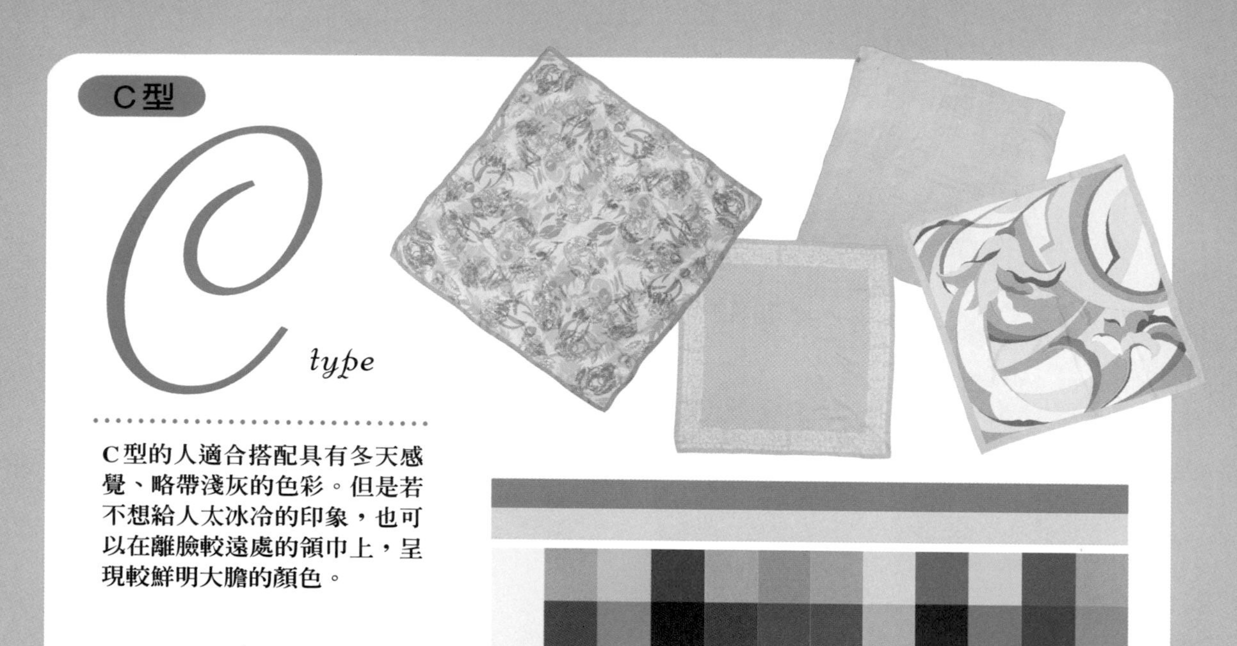

C型

C type

C型的人適合搭配具有冬天感覺、略帶淺灰的色彩。但是若不想給人太冰冷的印象，也可以在離臉較遠處的領巾上，呈現較鮮明大膽的顏色。

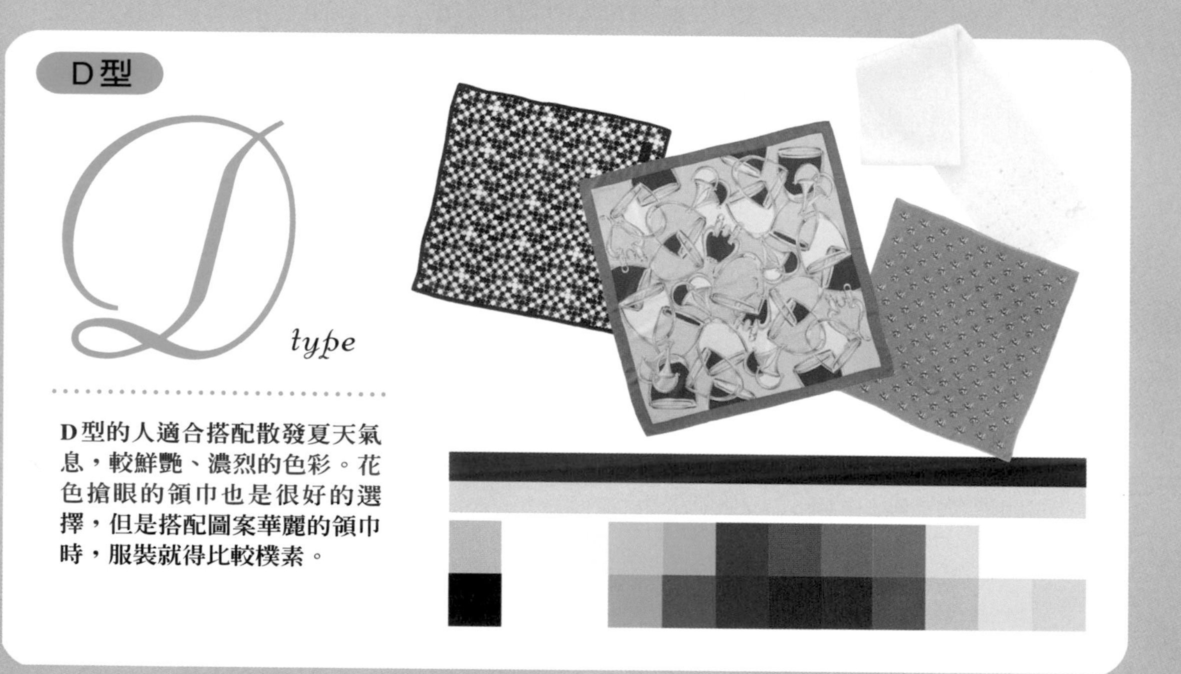

D型

D type

D型的人適合搭配散發夏天氣息，較鮮艷、濃烈的色彩。花色搶眼的領巾也是很好的選擇，但是搭配圖案華麗的領巾時，服裝就得比較樸素。

part 2

百變萬用大領巾

大領巾可說是最標準的領巾尺寸。
它的特色是用途十分廣泛，依不同摺法，
還能像小領巾或長披肩一樣靈活運用，
它有各式各樣的打法、種類繁多，
即使只有一條也能隨時完美搭配。

大領巾	70～100cm大小的正方形領巾。 一般的尺寸是88 X 88cm。

蝴蝶結

這是大領巾最基本的打法，只要用領巾打個蝴蝶結，簡單的服裝立刻搖身一變，變得既華麗又有型。在蝴蝶結環和前端等處布料顯現的光澤，使結飾看來更醒目。若選用藍色系領巾，蝴蝶結還會展現俏麗的時髦感。

針織衫

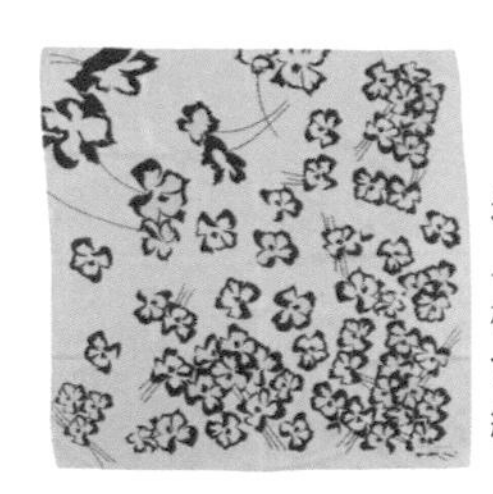

這條領巾是以水綠色配上豆沙紅的花形圖案，極具現代流行感。
78 × 78cm・絲100%・斜紋布

領巾的打法

1 領巾斜摺（請參照P.14）後圍在頸部，兩端交叉，上方的留長一點，長端繞過短端下方往上穿出打個單結。

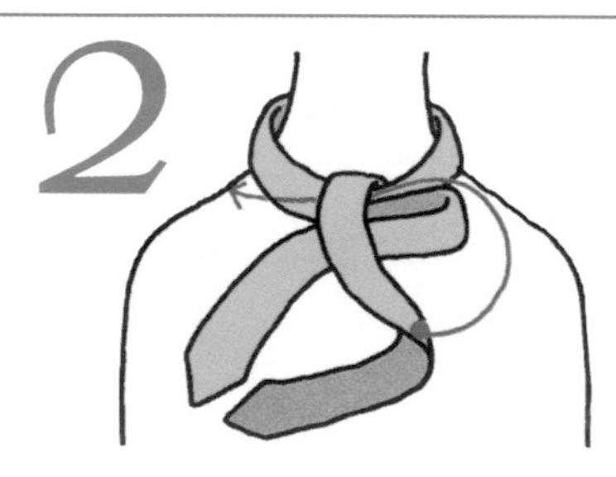

2 下方短端往反側摺個圈，從上穿出的長端繞過摺圈綁成蝴蝶結。

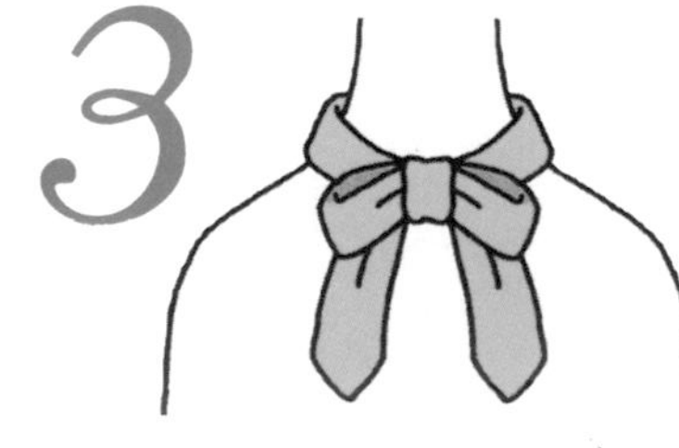

3 領巾全調整成正面朝外，結眼移至喜歡的位置。

Point
蝴蝶結的摺圈綁小一點，下垂的兩端就會變長，蝴蝶結整體看起來也會變大，所以可以配合當天的服裝自行調整。

速配的領口款式

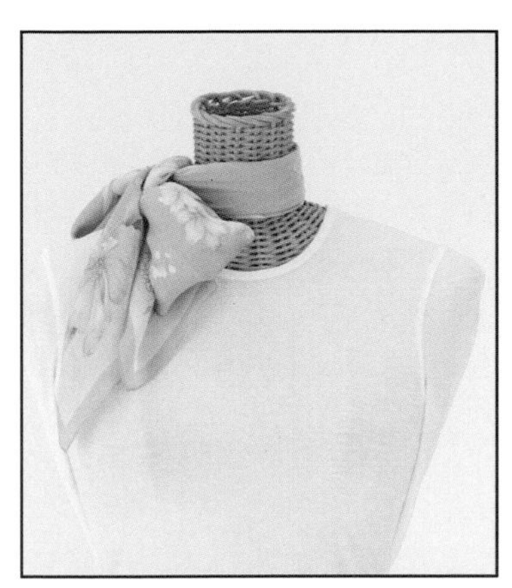

小圓領

將結眼移到側面整體看起來較平衡，蝴蝶結的摺圈大一點，看起來顯得比較柔和。

88 × 88cm ・絲100% ・緞質雪紡紗

V字領

爲配合直線型的領口，這裡是選用直條紋領巾，並且讓前端長長地垂下形成鮮明的線條。

88 × 88cm ・絲100% ・斜紋布

襯衫領

領巾先斜摺讓寬度變窄，就能夾在領口下。打的時候配合領子形狀，來決定蝴蝶結摺圈的大小。

88 × 88cm ・絲100% ・斜紋布

Sense Up

蝴蝶結繫在頸後

穿著頸後裸露較多的服裝時，搭配這款結飾最有裝飾效果。髮型要挽起或是短髮，因爲是大蝴蝶結，爲了不要感覺很沉重，最好採用雪紡紗等輕薄材質的領巾。

90 × 90cm ・絲100% ・雪紡紗

摺疊後再打結

領巾先以百摺法摺疊後再打蝴蝶結，這樣蝴蝶結的摺圈部分就能展開，顯得更爲華麗。

88 × 88cm ・絲100% ・斜紋布

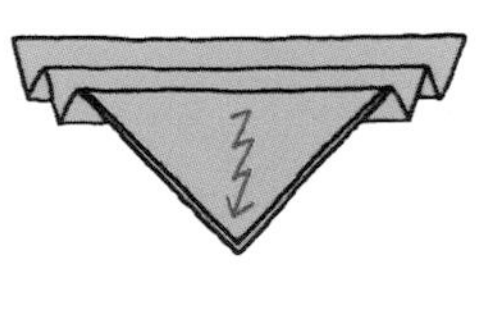

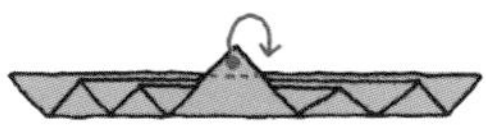

領巾先摺成三角形（請參照P.14），再從頂點開始摺疊，最後頂點包住底邊後以夾子固定，圍在頸部後再打結。

平結

這種打法能強調縱向的線條，由於領巾前端長長垂下，會呈現較大的面積，所以有變化的圖案會比單調的圖案更具裝飾效果。圖中這件款式單純的灰色針織衫，就是選用構圖大膽的領巾來加強裝飾。

針織衫

這條領巾上的花色和織紋複雜地交錯著，這種設計領巾能隨不同摺法，呈現多變的風貌。
88 × 88cm ・絲100%・斜紋布

領巾的打法

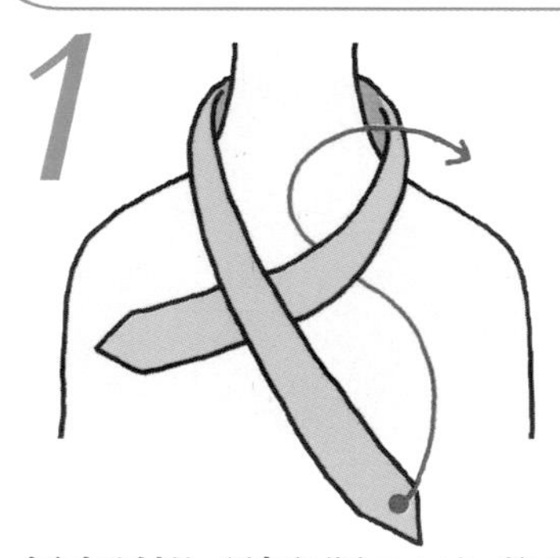

1 領巾斜摺（請參照P.14）後圍在頸部，兩端交叉，上方的要留長一點，長端繞過短端下方往上穿出打個單結。

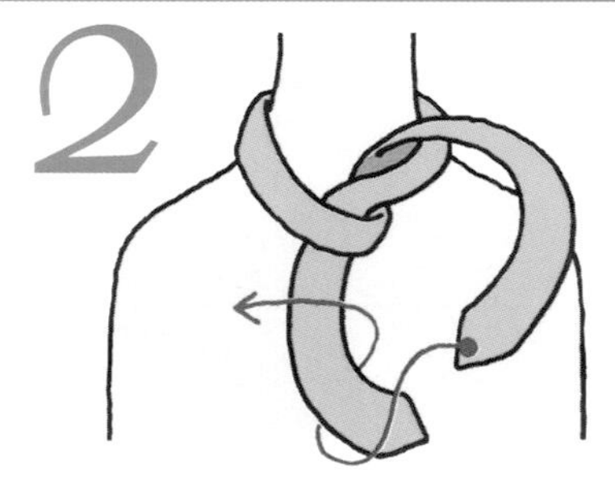

2 下方的短端拉向反側，從上穿出的長端繞過短端再打個結。

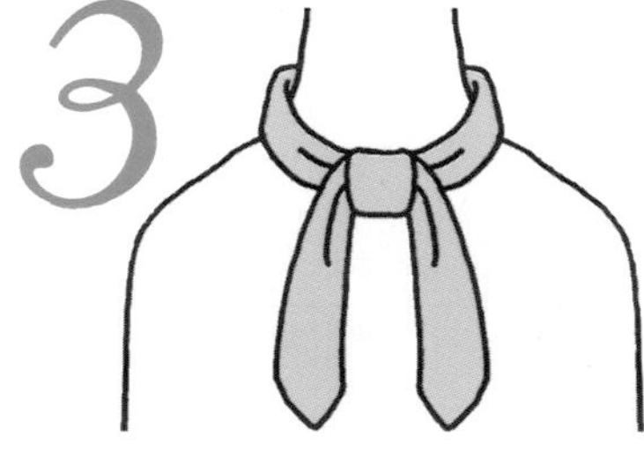

3 調整結眼和前端的形狀後，將結眼移至喜歡的位置。

Point

打第2個結時請特別留意，如果上下弄反就會變成縱向的結。打結時，一面將指頭伸入結圈部分調整形狀，一面拉緊兩端，就能打出漂亮的平結。

速配的領口款式

小圓領
將結眼移到側面，結飾會比較平衡、穩定。領巾前端也可以分別放在前後側。88 × 88cm・絲100%・斜紋布

大圓領
領巾緊貼著頸部打結，露出較多肩頸的大圓領線條，脖子看起來會比較纖細。
88 × 88cm ・絲100% ・提花布

高領
搭配高領時可讓高領上端露出一小截，也可以將結眼放在正面，讓領巾覆蓋上衣也是不錯的搭配。
88 × 88cm ・絲100% ・斜紋布

Sense Up

在頸部捲2圈
將領巾在頸部圍2圈，頸部前面的領巾要翻正面，就能呈現瀟灑的感覺。這款結飾搭配有領服或襯衫等，都具有裝飾效果。由於結眼會突起，爲了不要顯得沉重，結眼要繫緊一點。
88 × 88cm ・絲100% ・斜紋布

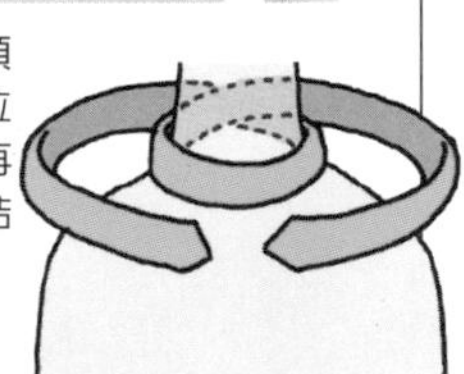

領巾中央放在頸部正面，兩端拉到頸後交叉，再拉回前面打平結固定。

用領巾夾固定
不打結時，領巾交叉處可以用領巾夾固定，因爲沒有結眼，所以結飾會顯得很雅致，領巾夾也能作爲重點裝飾。
90 × 90cm ・絲100% ・斜紋布

領帶結

最能表現帥氣造型的結飾就是領帶結了，如果搭配上傳統式樣的襯衫，能給人正式、愼重的印象。爲配合整體氣氛，這裡是選擇和襯衫同色系的傳統圖案領巾，將領子豎起露出領巾，背部也能呈現完整的造型。

襯衫

這條領巾是組合馬匹和馬具的傳統圖案，清爽的配色給人一種沉穩、高雅感。

88 × 88cm ・絲100% ・斜紋布

領巾的打法

1

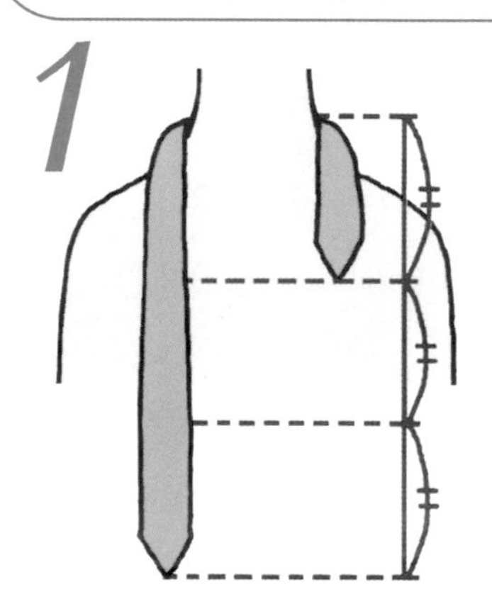

領巾斜摺（請參照**P.14**）後圍在頸部，左右長度約調成**3**比**1**的比例。

2

長端置於短端上方交叉，再從短端下方繞回上方。

3

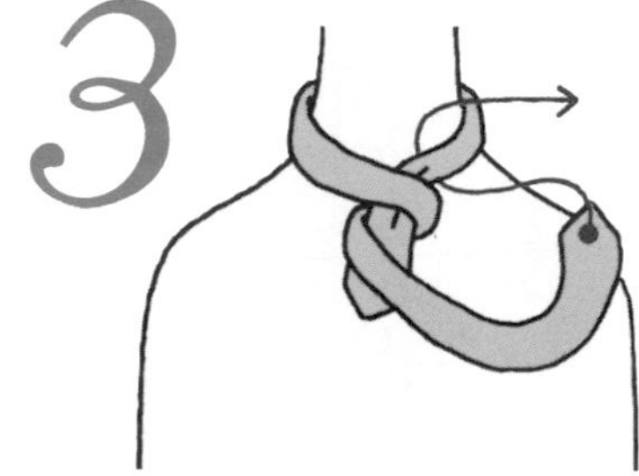

長端繞到上方交叉後，從圍住頸部部分的下方往上穿出。

Point

領巾繫在頸部時，左右兩端的長度決定了結飾的外形，如果想讓整體看來小一點，左右長度要調整成2比1的比例。

速配的領口款式

大圓領

將結眼位置打低一點，讓上下保持平衡。領帶長度變短，看起來顯得很俏皮。

78 × 78cm ・絲100% ・斜紋布

高領

高領上衣和領帶結，再配上俐落的褲裝和高跟鞋，絕對是最帥氣的裝扮。

88 × 88cm ・絲100% ・水手布

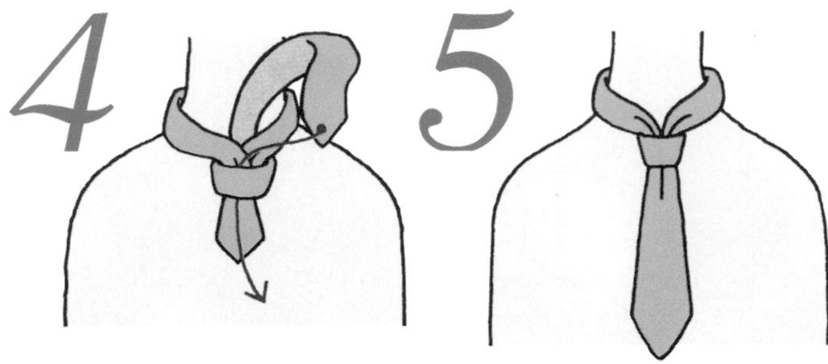

4 將長端穿過結圈。

5 適度地拉緊短端，調整結眼的形狀。

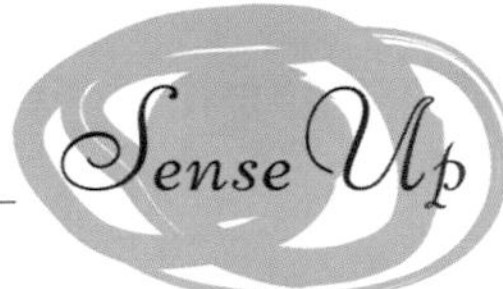

前後長短相反就能形成V字線條

解開襯衫領口鈕釦，再讓領帶前後長短相反，會呈現有點隨性的味道。若用有粗邊框圖案的領巾來打，還能形成多重V字線條的獨特圖案。

88 × 88cm ・絲100% ・斜紋布

讓領巾的左右長度等長，打出來的領帶結就會變成前短後長。

用有邊框設計的領巾，斜摺後再打結，邊角就能形成V字線條的效果。

前繫式牛仔結

這款結飾的造型特點是倒三角形線條，以及垂懸的皺摺。打好後因爲大片領巾會蓋在胸前，所以選擇能襯托臉色及服裝的圖案和花色十分重要。大圖案的領巾比花色單純的領巾更有裝飾效果。

針織衫

這條領巾上有多種花形圖案，不論配色或設計都頗具東方味。
78 × 78cm ・絲100%・斜紋布

領巾的打法

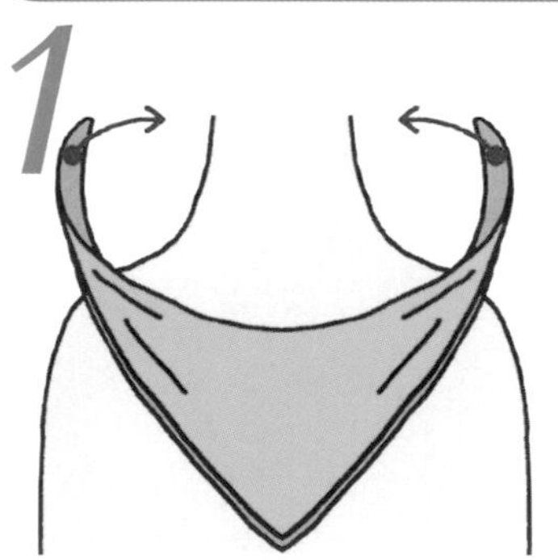

1 領巾摺成三角形（請參照P.14）後，從正面向後圍在頸部。

Point
這個結飾因為領巾會呈現較大的面積，所以摺的時候要先考慮正面想露出哪部分的圖案。

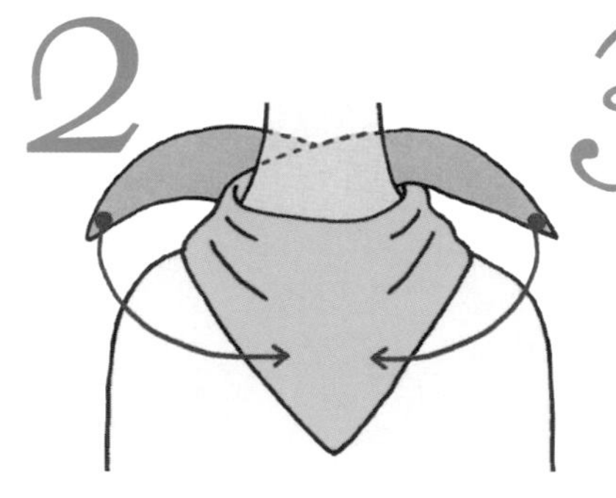

2 兩端在頸後交叉，再拉到前面。

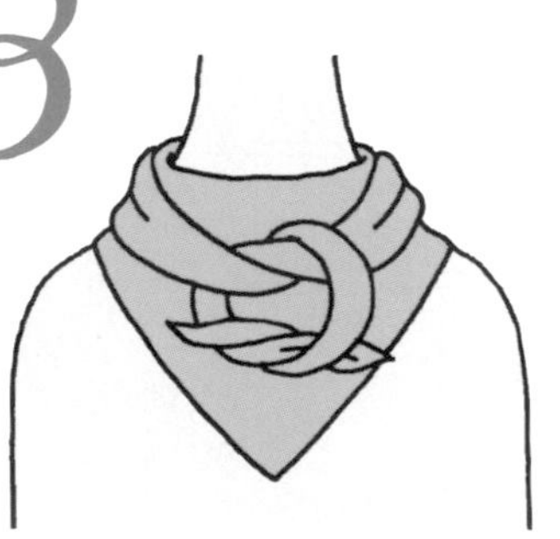

3 在正面以平結固定。

Point
在正面打結時，為了不要從表面看到重疊的邊，可將邊緣往內側摺一點看起來較美觀

速配的領口款式

V字領
將結飾的三角頂點移到側邊，就能改變V字領給人的一般印象，它也適合用來搭配小圓領。
90 × 90cm・絲100%・斜紋布

高領
打好結後調整皺摺，讓高領稍微露出一點，圖案單純的領巾結飾看起來較清爽。
88 × 88cm・絲100%・斜紋布

襯衫領
爲了展現美麗的配色，可以把領子豎起領巾圍在襯衫上，也可以解開釦子，把領巾裝飾在裡面。
90 × 90cm・絲100%・斜紋布

4

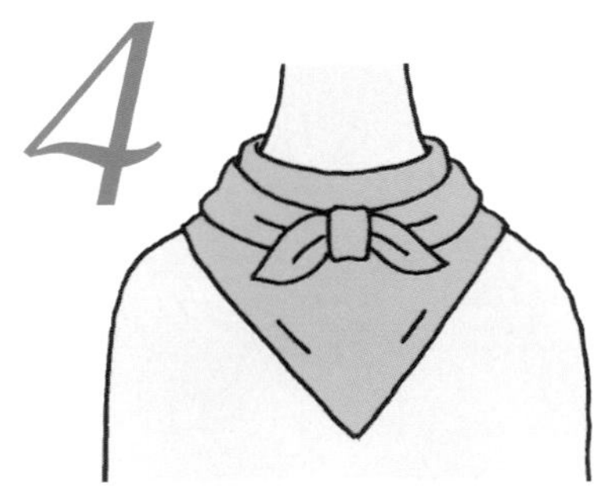

調整皺摺的外形。

Sense Up

把結打在側邊
結眼打在側邊，左右變得不對稱，反面會形成一種活潑的動感。因爲前端變得很長，所以能呈現一種優雅感。最好選擇花色爲同色調的領巾。
88 × 88cm・絲100%・條紋提花緞布

隱藏結眼
正面的結眼雖然能成爲裝飾重點，但是也能將它藏在三角形下加以變化，領巾上多點皺摺能展現較成熟的韻味。
88 × 88cm・絲100%・雙縐紗

丑角結

這是一款在頸部有華麗皺摺的結飾，選擇色彩沉穩的領巾，能夠展現成熟女性的高雅風味。在整體服裝搭配上，雖然也可以使用較搶眼色彩的領巾，但在這裡是選用和服裝同色調的褐色，看起來顯得莊重又大方。

外套／針織衫

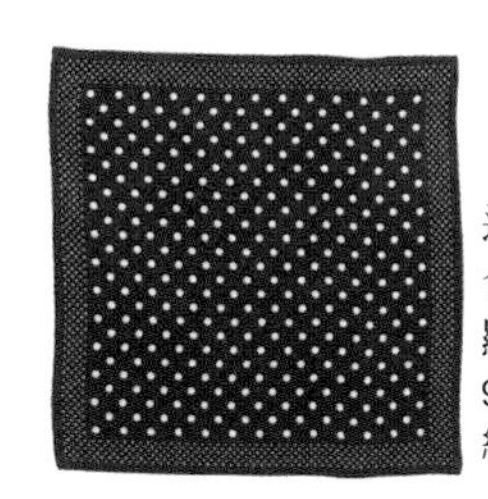

這條領巾是以2種圓點組合成邊框圖樣，不但不顯單調而且用途很廣。
90 × 90cm・絲100%・雙縐紗

領巾的打法

1

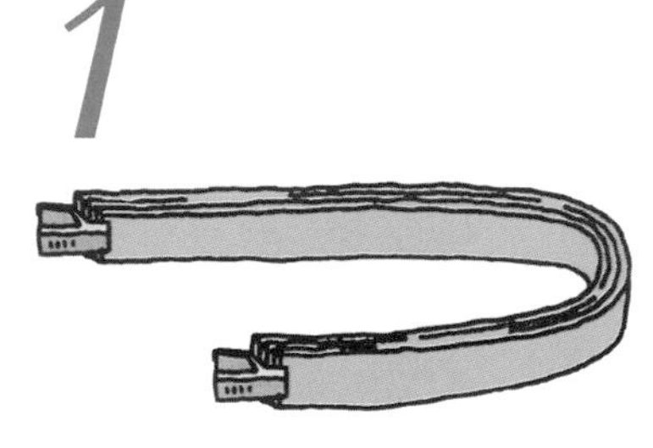

領巾重複摺疊（請參照P.15）後，兩端以夾子固定。

Point
摺疊時請特別留意，圍在頸部時領巾的正面要朝外。

2

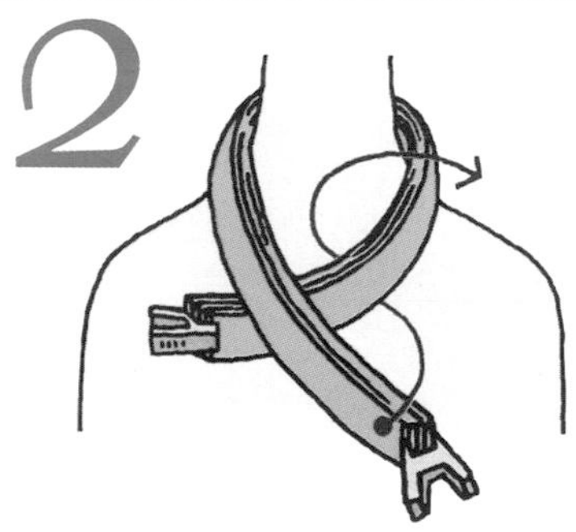

將領巾圍在頸部，兩端交叉，上方的稍微長一點，長端繞過短端下方往上穿出打個單結。

3

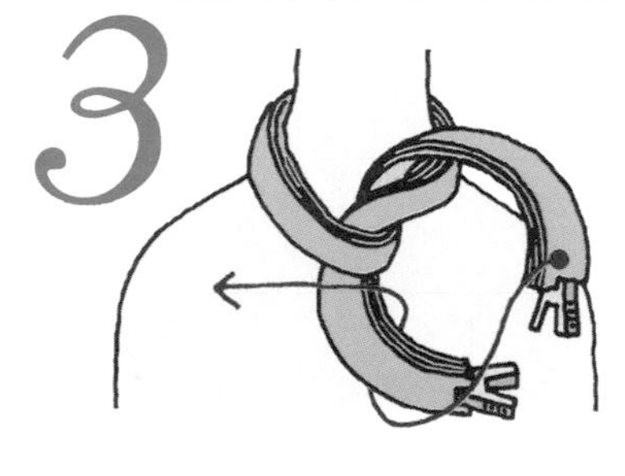

下方的短端拉向反側，從上穿出的長端繞過短端再打個結。

速配的領口款式

小圓領

平凡無奇的便服圓領，打上丑角結後瞬間就變得很華麗，大千鳥格紋給人一種古典的感覺。

78 × 78cm ・絲100% ・斜紋布

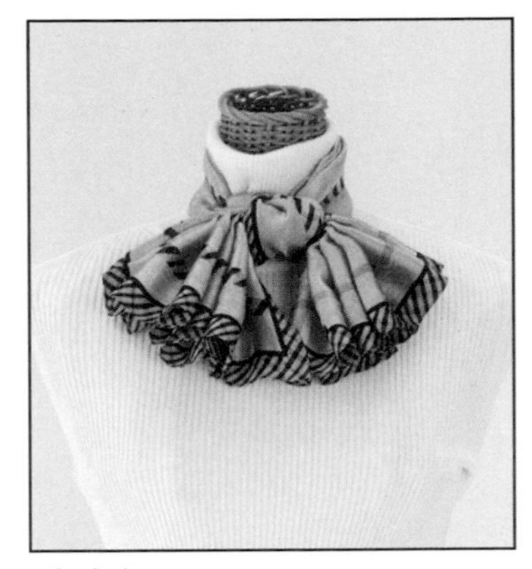

高領

丑角結適合搭配高領或翻摺式高領作爲裝飾，結眼放在中央，更能突顯皺摺的外形。

88 × 88cm ・絲100% ・斜紋布

有領外套

在外套的領口內側打結，前端放在外面，若是搭配合身的套裝，結眼也可以移至側面。

88 × 88cm ・絲100% ・斜紋布

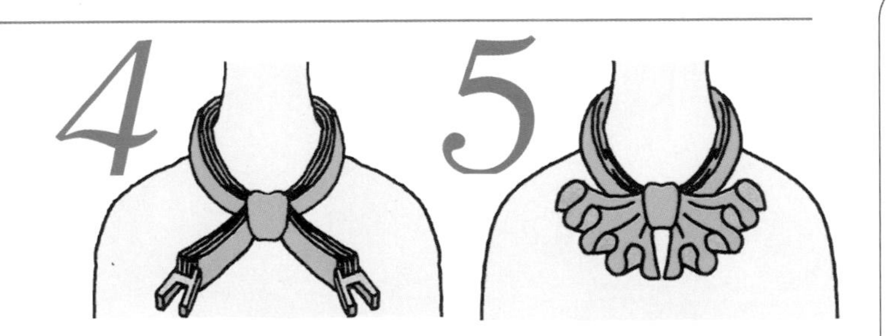

調整結眼，拿掉夾子。

讓皺摺散開調整美觀，結眼移至喜歡的位置。

Sense Up

打單結的簡單款式

這款結飾建議你可以搭配同色系簡單式樣的服裝，因爲皺摺顯得有點重，所以如果搭配同色系的領巾，才能呈現較輕鬆的感覺。打個單結後，皺摺不拉開，兩端就會形成2層從側邊垂到前面。

90 × 90cm ・絲100% ・斜紋布

彼得潘結

這種打法的特色是領巾在正面會呈現較多圖案，而且結眼位置一變，也會給人截然不同的感覺。將領巾斜披在肩上，左右不對稱的外形，看起來女人味十足。這款結飾適合選擇佈滿花紋的領巾。

針織衫

這條領巾邊緣設計的是藤蔓花紋，搭配上中央的圓點圖案，因為顏色淡雅，所以很適合搭配深色服裝。

78 × 78cm・絲100%・斜紋布

領巾的打法

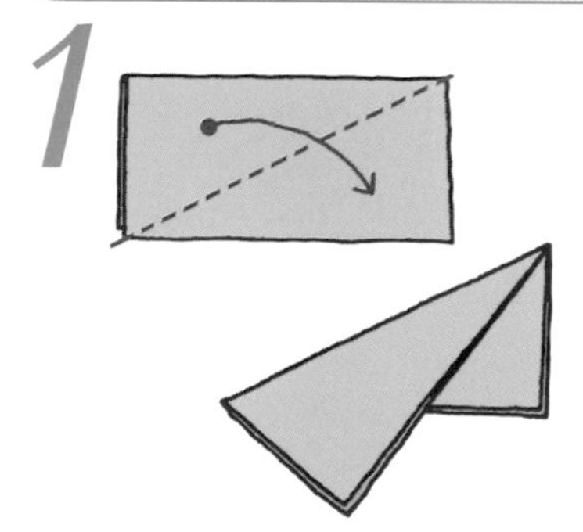

1 領巾對摺成一半，再沿對角線翻摺，完成雙三角（請參照P.15）的摺法。

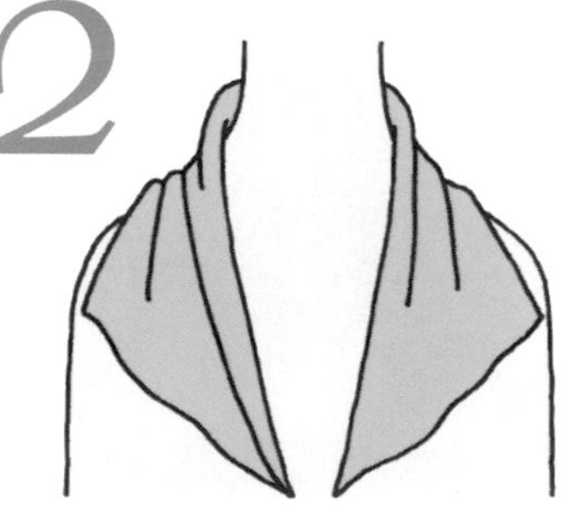

2 將領巾褶痕部分圍在頸部。

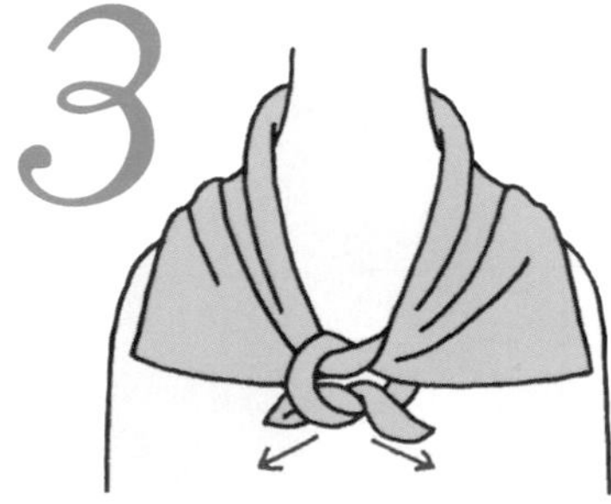

3 兩端打2次結以平結固定。

Point
圍在頸部時要留意，領巾不要拉太緊，否則外觀會變形。

速配的領口款式

小圓領

結飾打好後要能看到一些領口線條。結眼也可以移到側面。下半身穿短褲也很適合搭配彼得潘結喲。90×90cm・絲100%・斜紋布

V字領

配合領口線條，結眼可以打在V字線條下面，或是深V字領的上面。88×88cm・絲100%・斜紋布

小專欄 column

享受領巾的裝飾之樂

美麗的印花領巾也可以靈活運用來裝飾室內。建議你將構圖如畫一般的領巾放入畫框中，就能成爲裝飾品了。如果是長領巾，像掛毯一樣作爲吊飾也很有特色。此外一些不常用，或部分被染色有瑕疵的領巾，也可以裹在觀葉植物的花盆上，或綁在裝飾架上，還是作爲梳妝台的蓋布等，用途十分廣泛。運用裝扮過自己的領巾，也試著爲身邊的物品裝飾一下吧？

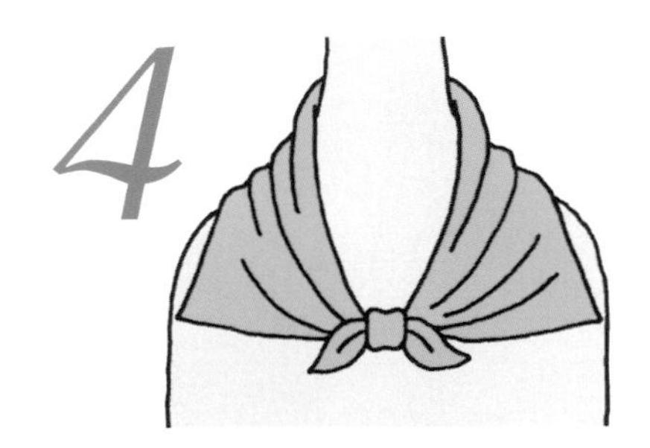

4

調整外形，結眼移至喜歡的位置。

Sense Up

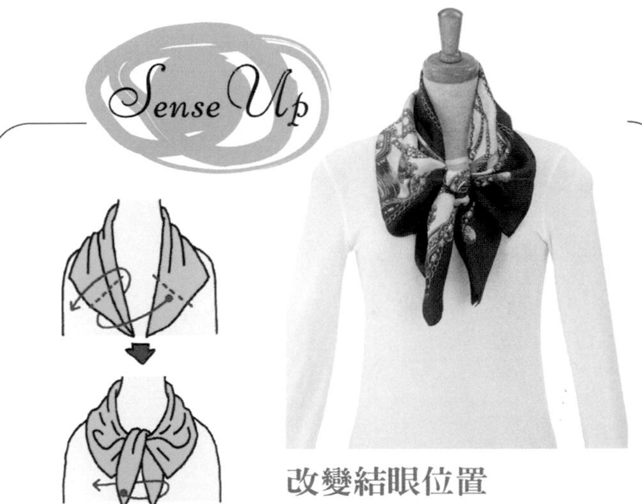

領巾披在肩上後，對齊外側邊緣中央來打結，先打個單結拉出領巾的前端，調整外形後再打一次結以平結固定。

改變結眼位置

彼得潘結如果結眼綁高一點，外觀看起來顯得較複雜，整體會像蝴蝶結一般，想在胸口做重點裝飾時，建議你可以搭配這個結飾。

88×88cm・絲100%・斜紋布

領巾結

這款結飾能展現女性上班族的幹練形象。因爲領巾只會露出一部份，所以要先考慮想露出的部分再打結。這裡所用的領巾，是高雅的藍綠色配上灰褐色邊框，更能強化裝飾效果。

外套／襯衫

這條領巾印有傳統的馬具圖案，配色高雅十分適合搭配上班服。
88 × 88cm ・絲100%・斜紋布

領巾的打法

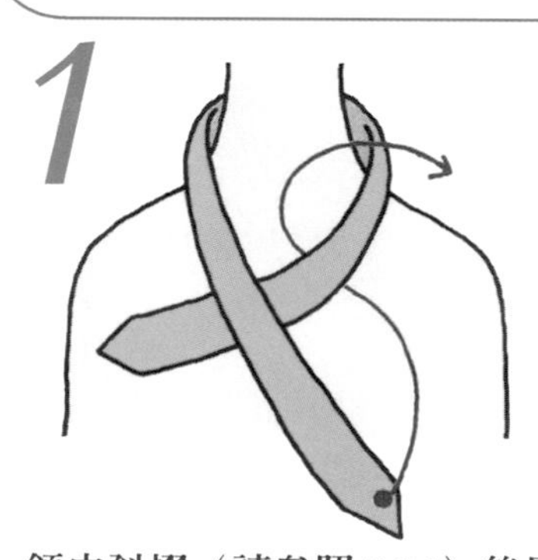

1 領巾斜摺（請參照**P.14**）後圍在頸部，兩端交叉，上方的稍微長一點，長端繞過下方往上穿出打個單結。

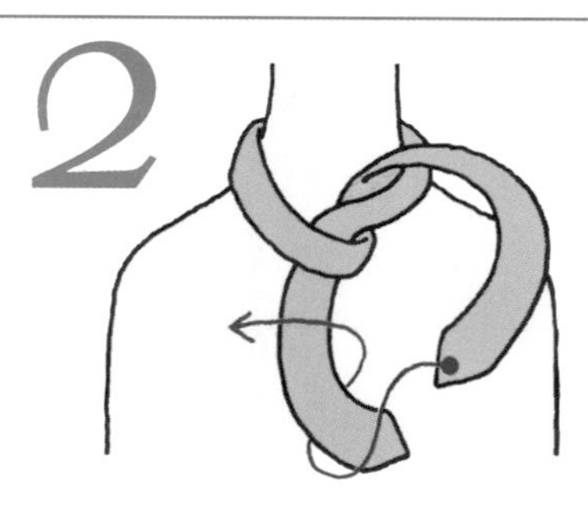

2 下方的短端拉向反側，從上穿出的長端繞過短端再打個結。

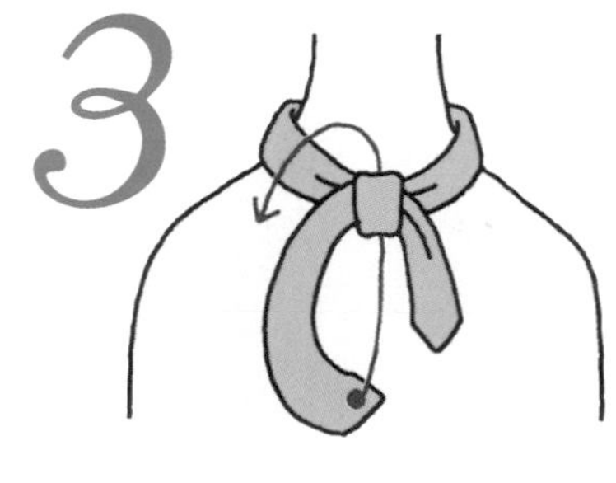

3 將長端從下方穿過結眼內側，垂掛在正面。

Point
圍在頸部時，想露在外表的一端要留長一點。

速配的領口款式

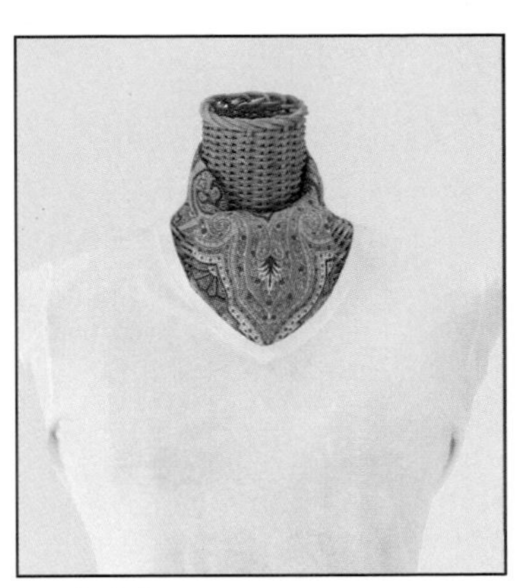

V字領

V字領能充分展現領巾結的風情，因爲中央是展示圖案的重要部分，所以繫好後要調整端正，別歪掉了。

88 × 88cm · 絲100% · 斜紋布

有領外套

領巾結還能搭配1顆鈕釦不扣的襯衫型外套，爲了不使造型顯得太男性化，要避免選用直條紋圖案的領巾。

88 × 88cm · 絲100% · 斜紋布

無領外套

領巾緊貼在頸部，結飾看起來比較清爽，可以配合外套的款式，選擇柔和色調的領巾。

88 × 88cm · 絲100% · 提花斜紋布

4

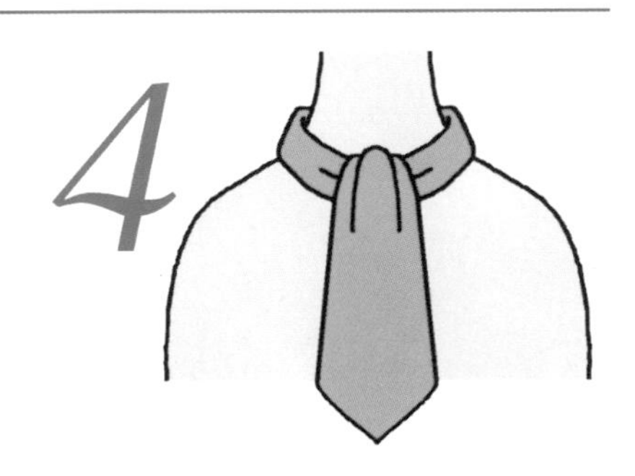

調整領帶部分的外形。

Sense Up

在頸部繞2圈

這種打法因爲領帶內側還能看到一圈，所以展現出另一番風情。建議你可以搭配西裝外套等領口較深的服裝。

90 × 90cm · 絲100% · 雙縐紗

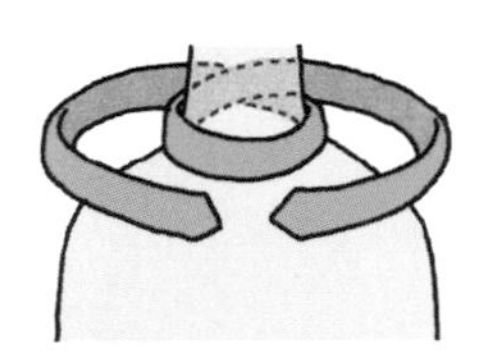

領巾中央放在頸部正面，兩端拉到頸後交叉，再拉回前面打上領巾結。

單蝶結

單蝶結比蝴蝶結給人更強烈鮮明的印象，搭配上牛仔布上衣，就是款別緻帥氣的休閒造型。只要改變領巾前端長度，不但能展現活潑的動感，也強調出左右不對稱的外形。

外套／無袖緊身Ｔ恤

這條領巾上古典配色的圖案設計，充分展現女性柔媚的感覺。

88 × 88cm．絲100%．雙縐紗

領巾的打法

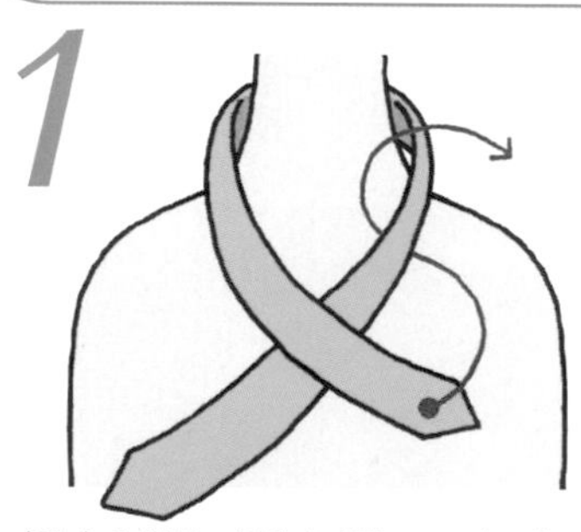

1 領巾斜摺（請參照P.14）後圍在頸部，兩端交叉，上方的稍微短一點，短端繞過下方往上穿出打個單結。

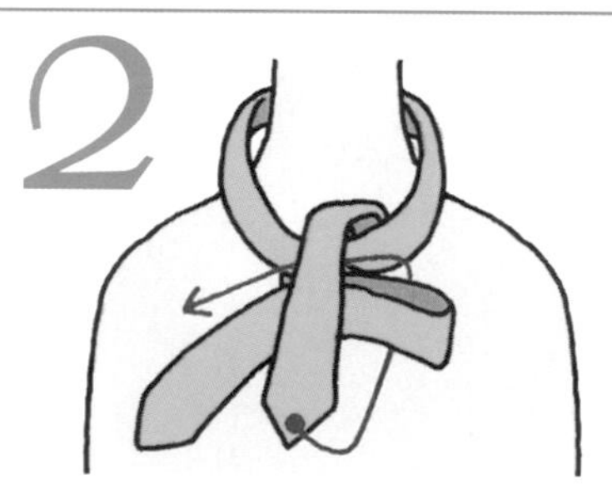

2 下方的長端往反側摺個圈，從上穿出的短端繞過摺圈，再從結眼穿出。

3 領巾全調整成正面朝外，結眼移至喜歡的位置。

Point

圍在頸部時，要摺蝴蝶圈環的那一端要留長一點。

速配的領口款式

小圓領

因爲單蝶結外形左右不對稱，即使以結眼放在中央也能展現動感，繫綁時請沿著領口線條。

102 × 102cm・絲100%・斜紋布

方領

將結飾稍微移到側邊就能看到領口線條，用有傳統圖案的領巾給人一種高雅的感覺。

90 × 90cm・絲100%・斜紋布

V字領

選擇只有織紋的素面領巾，來強調蝴蝶結的重量感，結飾和尖形領口線條相互襯托，更突顯出裝飾的效果。

88 × 88cm・絲100%・提花緞布

再加1個結圈

將領巾的一端稍微塞入結眼中加個結圈，這樣領巾比較集中在頸部，能減輕往下垂懸的重量感，建議身材嬌小的人可以這樣裝飾。

88 × 88cm・絲100%・斜紋布

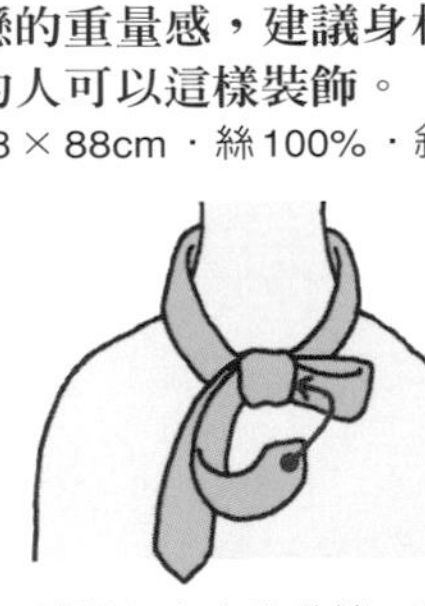

將從上穿出的前端，稍微塞入有結圈的那一端結眼中，再形成一個結圈。

將頸部的領巾擰得比較細

裝飾高領等在頸部已有重量的服裝時，將圍在頸部的領巾擰細，整體會顯得比較平衡。

90 × 90cm・絲100%・斜紋布

頸圈結

這款結飾的外形如同短項鍊般，造型十分搶眼，很適合搭配較成熟風格的便服。但因為領巾圖案無法展示得太清楚，所以建議你最好選用圖案較細碎單調的領巾，並選擇能成為裝飾重點的顏色。

牛仔外套／圓領衫

這條領巾十分適合搭配輕鬆的便服，圖案設計如同印花手帕般的風格。
90 × 90cm・絲100%・雙縐紗

領巾的打法

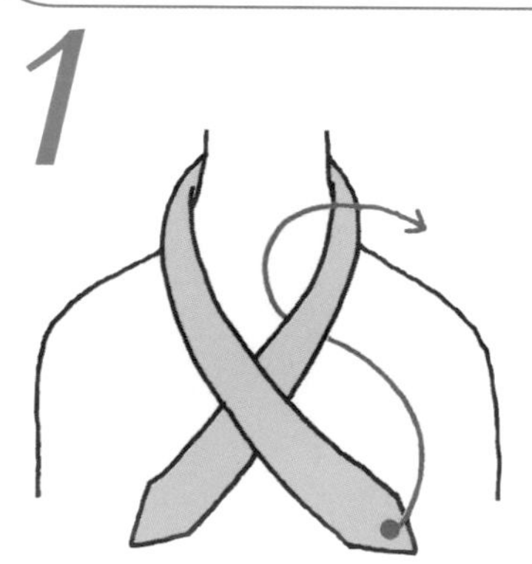

1 領巾斜摺（請參照P.14）後圍在頸部，讓兩端等長交叉，在正面打個單結。

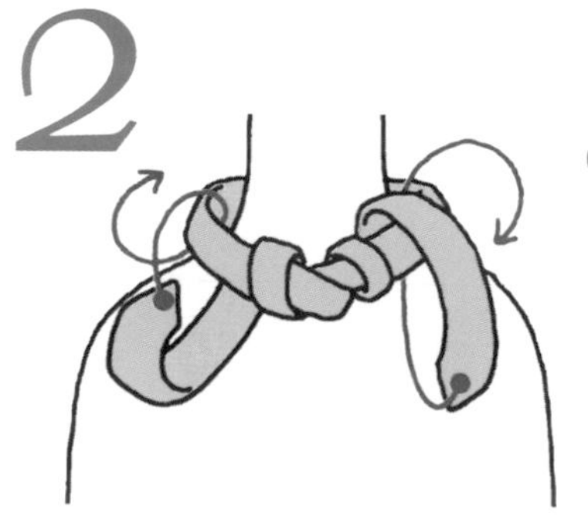

2 將兩端分別捲繞在頸部的領巾上。

Point
捲繞時力道要相同，外形才會均衡美觀，而且還能避免鬆散開來。

3 背面

在頸後打2次結，以平結固定。

速配的領口款式

大圓領

在領口寬廣的大圓領上，夠分量的頸圈結成爲裝飾的焦點。

88 × 88cm ・絲 100% ・條紋薄緞布

V字領

爲了維持平衡感，較淺的V字領可以圍上細的頸圈結，而較深的V字領則要圍上較粗的。

78 × 78cm ・絲 100% ・雙縐紗

襯衫領

項圈結和襯衫領超級速配，搭配起來呈現不會太隨便的輕鬆休閒感。

78 × 78cm ・絲 100% ・斜紋布

4

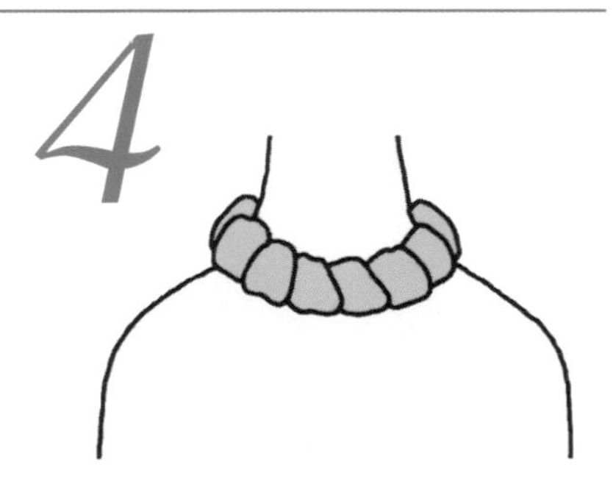

調整頸圈結的外形。

最後不打結 讓兩端長長垂下

頸圈結也可用雪紡紗等質地柔軟的領巾，鬆鬆地捲繞，但最後不打結，讓兩端長長垂下來加以變化。因爲領巾已經一圈圈纏繞，所以即使不打結也能固定。這款結飾圈在頸部顯得有點呆板、僵硬，所以雪紡紗前端輕柔地垂下能增加柔和的感覺，長短只要配合領口大小就行了。

78 × 78cm ・絲 100% ・雪紡紗

捲結

這款結飾的外形如同高翻領一樣，看起來比牛仔結更正式，也很適合用來搭配上班服。圖案有變化的領巾比單調花色的打起來更有裝飾效果。它可以搭配襯衫，或者直接繫在外套上也很美觀。

襯衫

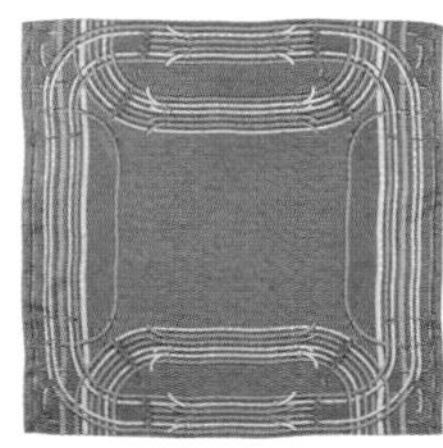

這條領巾在黃褐底色上搭配水藍色和乳黃色的帶狀圖案，給人一種堅固耐用的感覺。
88 × 88cm・絲100%・斜紋布

領巾的打法

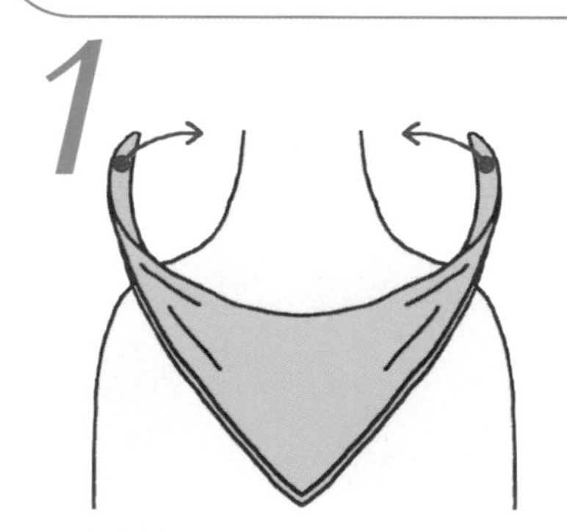

1 領巾摺成三角形（請參照P.14）後，從正面向後圍在頸部。

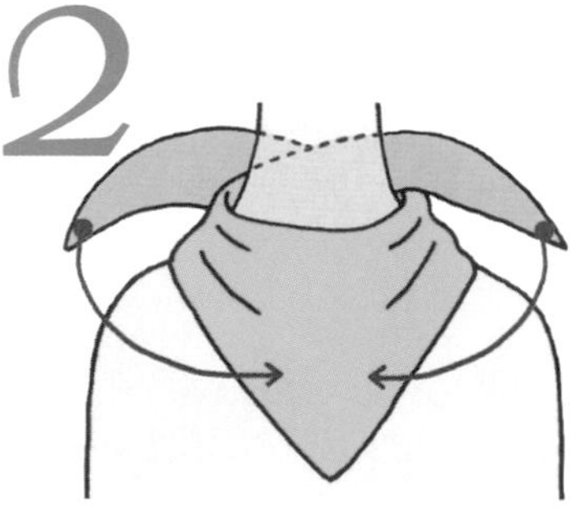

2 兩端在頸後交叉，再拉到前面。

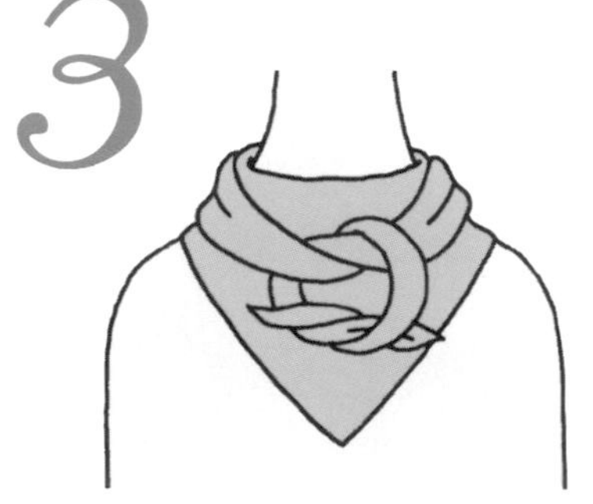

3 在正面打2次結以平結固定。

Point

在正面打結時，如果頸部周圍綁得太緊，會很難翻摺而無法調整外形，決定打結位置時，領巾只要鬆鬆地圍在頸上就行了。

速配的領口款式

小圓領

一般便服的平凡領口線條，打上捲結就能變成較正式的上班服，緊貼圍在頸部的領巾，能完全蓋住領口線條。

90 × 90cm ・絲100% ・斜紋布

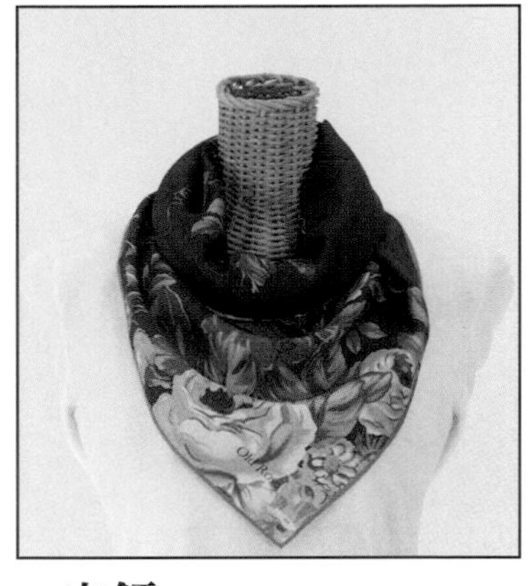

V字領

這款結飾即使搭配很深的V字領，也不必擔心會露出領口線條，領口部分的圍巾也能讓它鬆垂下來。

88 × 88cm ・絲100% ・雙縐紗

有領外套

略顯嚴肅的西裝外套，打上捲結會顯得比較柔和。放在外面時領巾可以稍微傾斜，放在領子裡時，尖端部分則要朝正面。

78 × 78cm ・絲100% ・雙縐紗

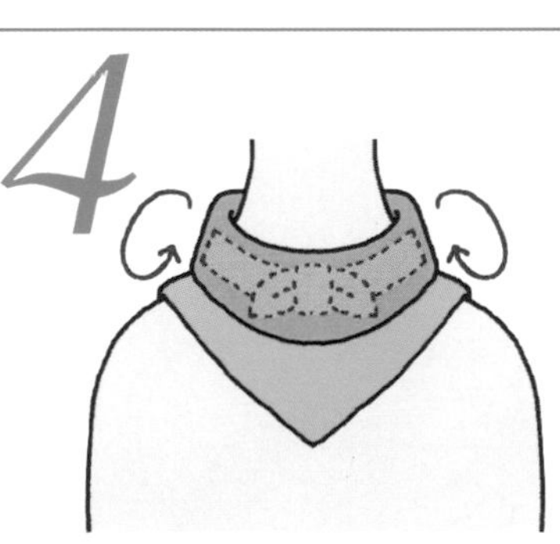

4 將三角形底邊部分的一面向上拉，並翻摺2次蓋住結眼。

5 調整領巾翻摺的皺摺。

Sense Up

領口多翻摺幾次

捲結翻摺的部分也可以摺3～5次，這種打法能縮小三角形的面積，給人較柔和的印象。打這款結飾時，建議你選用沒有邊框或是細邊框圖案的領巾。

88 × 88cm ・絲100% ・雙縐紗

三角摺結

在流暢的線條中，這款結飾散發出優雅的氣息。因為領巾強化了縱向線條，所以具有拉長身形的效果。運用質地輕薄柔軟的領巾，就能呈現美麗的皺摺線條，三角摺結比較適合搭配大圖案的領巾。

前扣式羊毛衫

這條領巾除了有幾何圖形及花形印花外，還組合了織花的邊框線條，是十分複雜的圖案設計。

88 × 88cm · 絲100% · 條紋提花緞布

領巾的打法

1

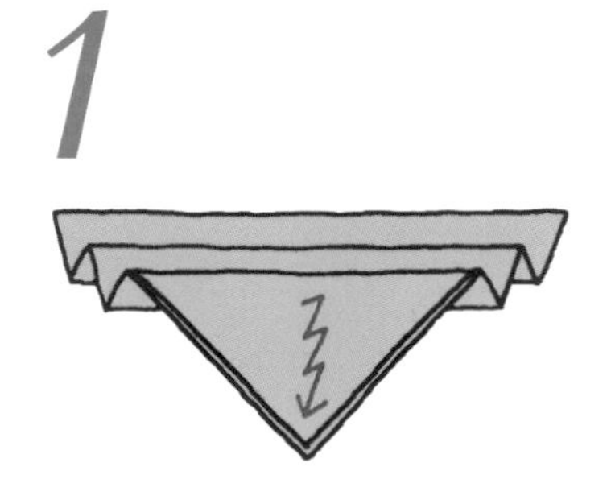

領巾摺成三角形（請參照P.14）後，從底邊開始反覆摺疊。

2

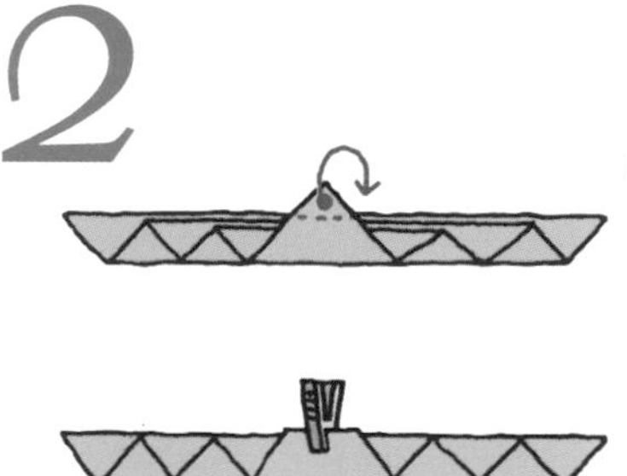

摺到最後將三角尖端反摺捲包住底邊，再以夾子固定。

3

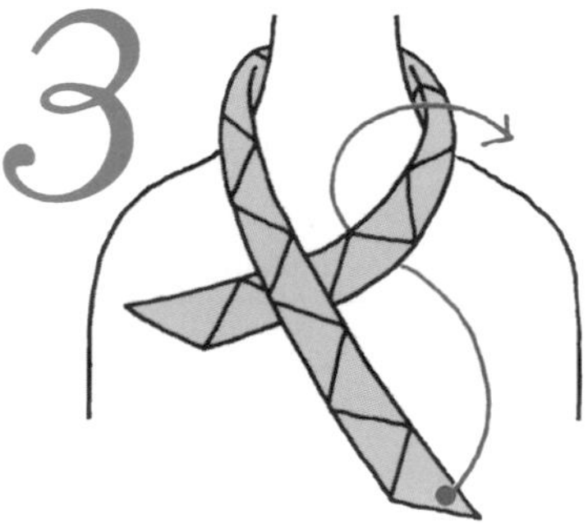

將領巾底邊圍在頸部，兩端交叉後打個單結。

Point

摺疊領巾前請先考慮圍在頸部時要呈現的寬幅。

速配的領口款式

V字領

領巾的縱向線條不會干擾V領線條，即使較深的V字領也適合搭配三角摺結。
88 × 88cm ・絲100% ・條紋薄緞布

高領

單調的高領搭配這款結飾後，胸口就有裝飾的重點。利用輕薄質地的領巾，能呈現輕柔飄逸感。
88 × 88cm ・絲100% ・水手布

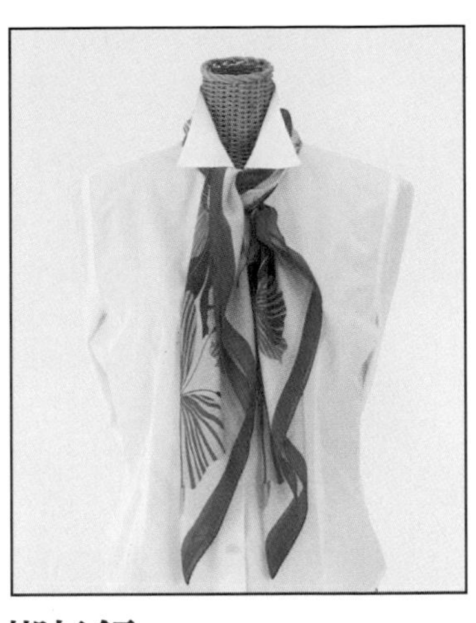

襯衫領

領巾可以打在豎領的後面，也可以解開領口鈕釦，將它放在領口內側。 88 × 88cm・絲100%・薄紗布

4

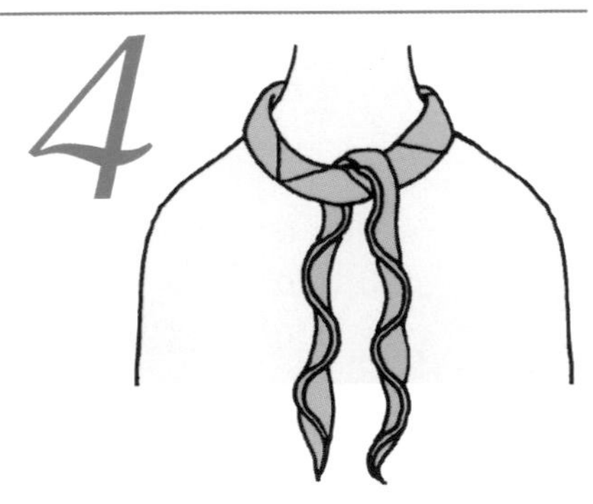

拿掉夾子，調整皺摺的外形。

Sense Up

打平結後兩端垂在側邊

三角摺結如果最後打平結，因爲結眼非常穩固就能移至側邊。若打上牢固的結，由於緊縮結眼的反作用力，反而會使皺摺展開來。 88 × 88cm ・絲100% ・條紋提花緞布

領巾不打結讓它垂在胸前

將摺好的領巾從正面往後圍，在頸後交叉後，再拉到前面讓它自然垂下。讓左右兩端長度略微不等，能展現某種動感也很活潑、漂亮。
88 × 88cm ・絲100% ・提花斜紋布

捲繞結

這款結飾的特色是既簡單又大方。因爲它是先以長方形摺法摺疊，所以整條都有厚度，裝飾在頸部時能呈現恰當的分量感。建議你使用材質輕柔、有邊框設計的領巾，結眼稍微移至側邊，看起來較活潑、輕鬆。

罩衫、小背心

這條領巾上的緞帶和花形印花圖十分華麗，充分展現女性柔美的氣息。

88 × 88cm ‧ 絲100% ‧ 提花布

領巾的打法

1

領巾以長方形8摺摺法（請參照P.15）摺好後，再將圍在頸部的一小截摺成一半。

2

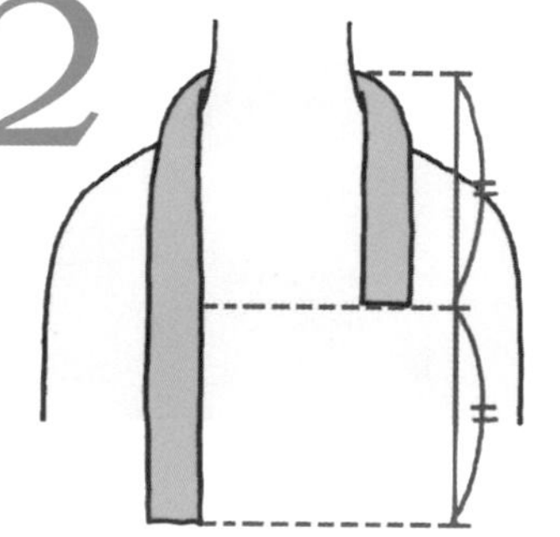

領巾圍在頸部，左右長度調整成2比1的比例。

3

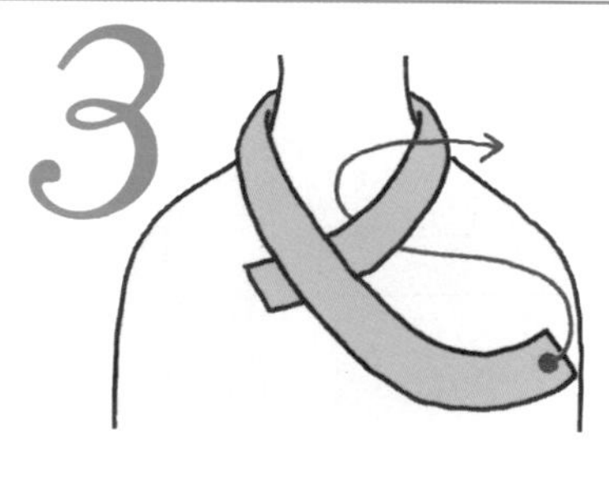

兩端交叉，長端放在上方，然後打個單結。

Point

如果用材質較厚或尺寸較大的領巾，繫打時左右兩端的長度最好差多一點。

速配的領口款式

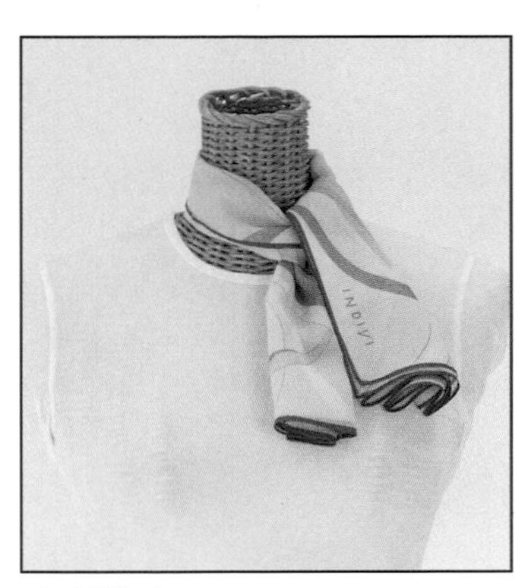

小圓領

捲繞結能讓款式簡單的毛衣或各式T恤增加一份知性美，只要沿著領口線條繫上就行了。

88 × 88cm・絲100%・細棉布

高領

這種打法相當適合搭配厚重質感的造型，冬天時也可以用圍巾取代。

88 × 88cm・絲100%・斜紋布

有領外套

這款結飾能直接打在領子上，如果要裝飾西裝外套，可以將結稍微移到側邊一點。

88 × 88cm・絲100%・斜紋布

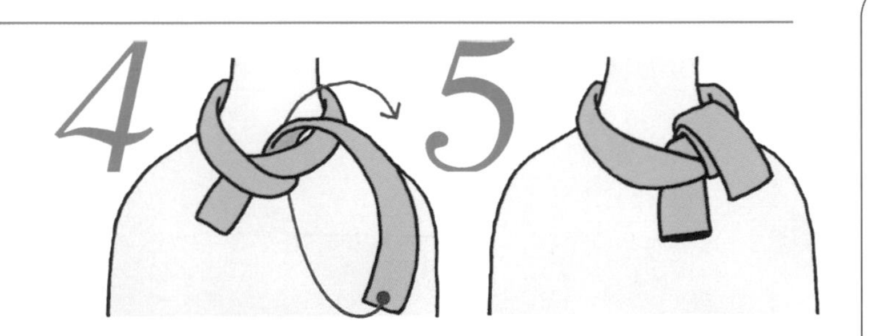

將長端在結眼上再捲繞1～2圈。

調整外形，結眼移至喜歡的位置。

Sense Up

以百摺法摺疊後再打結

將從上面穿出的前端皺摺漂亮展開，結飾就能散發柔美的韻味。調整外形時，一面從上面壓住領巾，一面將皺摺往左右拉開。

88 × 88cm・絲100%・雙縐紗

雙層圈結

想用大領巾打出短結飾時，十分適用這種打法。它的特色是結眼小，即使捲2層也不會顯得厚重，而且垂下的部分變短了，所以任何款式的領口都能隨意搭配，簡單的造型，讓它也適合搭配各式各樣的服裝。

V領衫

這條領巾的花色顯得很清爽，只要手中有一條就能讓服裝洋溢春天的感覺。

88 × 88cm ‧ 絲100% ‧ 薄紗布

領巾的打法

1

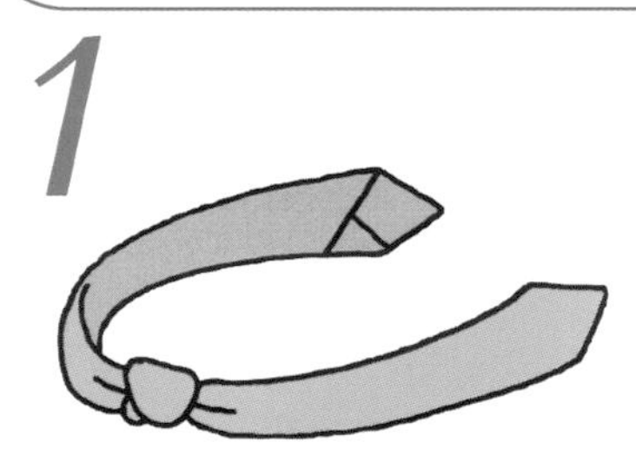

領巾斜摺（請參照P.14）後，在領巾中央打個鬆鬆的結。

Point

由於這個結飾造型很簡單，所以不妨將結眼打大一點來加強裝飾效果。

2

結眼放在正面，領巾兩端在頸後交叉。

3

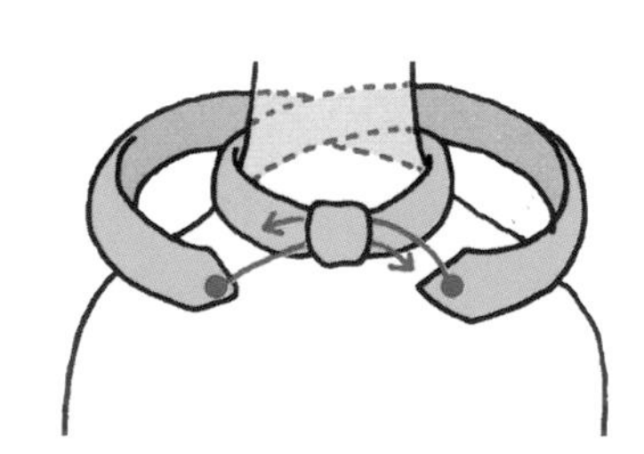

兩端再拉回正面，從左右兩側穿入結眼中。

速配的領口款式

襯衫領

雙層圈結不論打在衣領內側或外側都很合適，結眼放在正面會給人比較慎重的感覺。
88 × 88cm・絲 100%・縱紋提花布

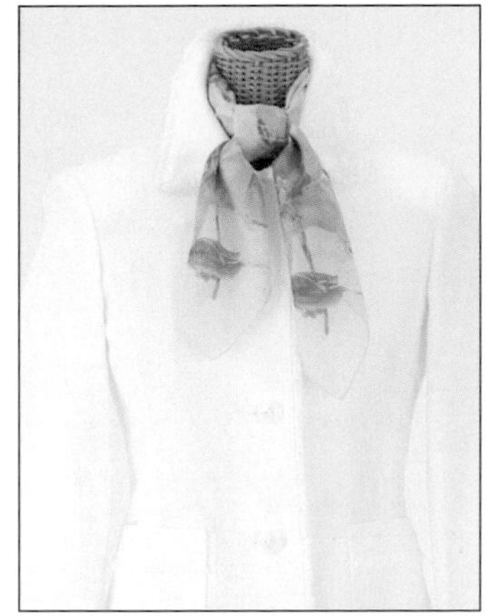

有領外套

這款結飾也可以打在立領內側，爲了避免顯得沉重，最好選擇顏色、材質都十分輕柔的領巾。
88 × 88cm ・絲 100% ・水手布

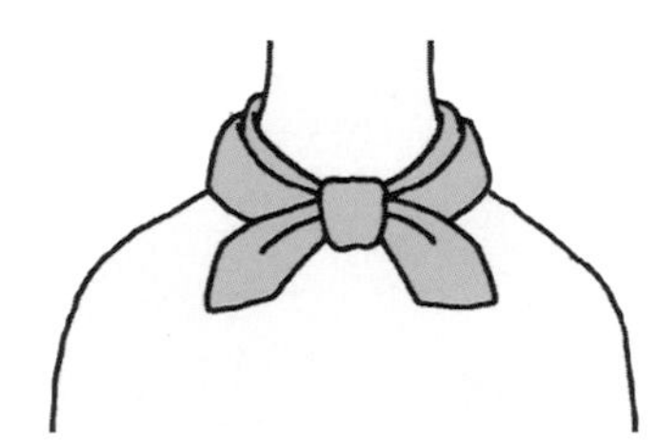

調整結眼和前端的外形，再將結眼移至喜歡的位置。

在結眼上秀出喜歡的圖案

結眼上呈現喜歡的圖案，也可以作爲裝飾重點。如同照片中的領巾，雖然沒有主圖案，但是如果有多種顏色，打結前最好先考慮想呈現何種顏色。 88 × 88cm・絲 100%・斜紋布

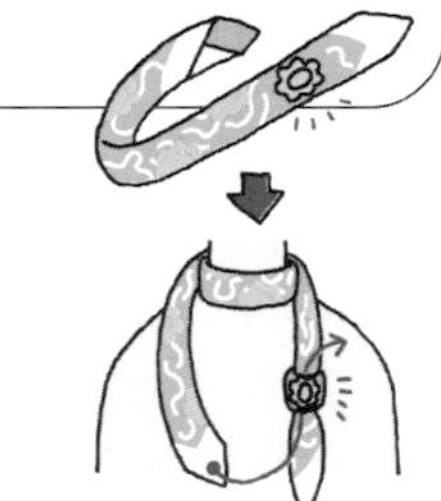

決定想秀出的結眼圖案後，在最後一摺時，就要將圖案置於表面，並將那裡綁成結眼。以圖中這條領巾為例，因為想秀的圖案在領巾邊角，所以將一端的圖案先綁個結眼，領巾圍在頸部 1 圈後，再把沒打結的那一端穿過結眼。

※想秀在結眼上的圖案，會影響打結的位置，所以請你視個人喜好隨機應變，基本上是選擇對角線上的圖案，來作為結眼圖飾。

鬆鬆地圍一圈

將領巾另一端穿過結眼，形成鬆鬆的高翻領一般的結飾，將呈現一種優雅感，用來搭配 V 字領或小圓領都很適合。
88 × 88cm ・絲 100% ・緞質雪紡紗

摺鍊結

摺鍊結的特色是線條看起來如同和服多層重疊的衣襟一般。用它搭配外套或大衣等服裝時，即成爲裝飾的焦點。由於打法簡單且不易變形，所以也很適合搭配上班服。因爲從對角線的邊端開始約1/4的長度都會成爲正面，所以要留意選擇領巾的圖案。

外套

這條領巾的設計是以商標圖搭配方形的複雜幾何圖案，因爲選用同一色調，所以很容易搭配運用。
88 × 88cm ・絲100%・緞質雪紡紗

領巾的打法

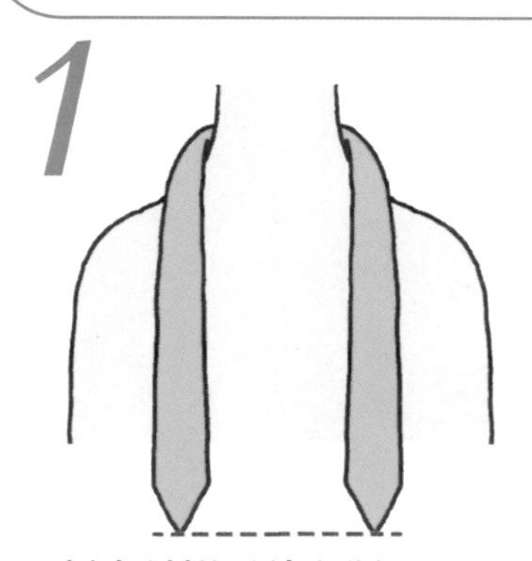

1 領巾斜摺（請參照P.14）後，圍在頸部，左右兩端調整成等長。

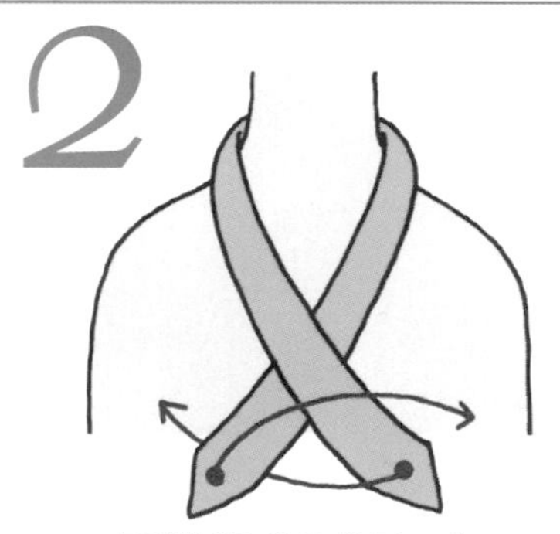

2 兩端在正面交叉2次。

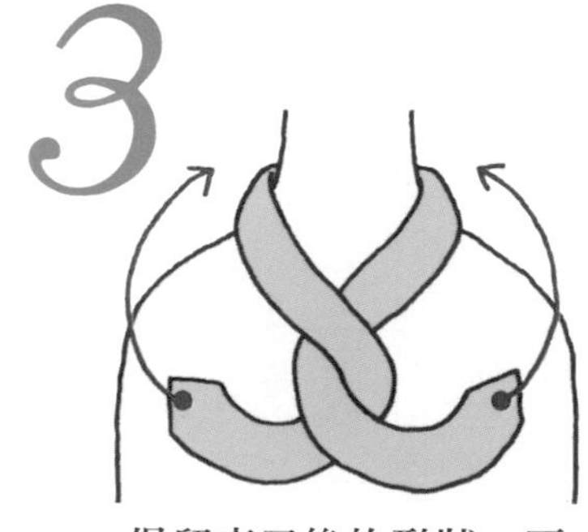

3 保留交叉後的形狀，再將兩端圍到頸後。

Point
領巾在正面交叉時，領巾摺幅不扭轉的話，皺摺會顯得比較整齊清爽，另外也可以一面扭轉一面交叉，這樣皺摺會顯得稍微複雜些。

速配的領口款式

大圓領

摺鍊結成爲單調的大圓領的裝飾焦點，看起來有點像是高領一般。

88 × 88cm ・絲100% ・縱紋提花布

高領

留意正面的皺摺並且鬆鬆地圍上領巾，這樣能使高領的窒息感變得較爲鬆緩的感覺。

88 × 88cm ・絲100% ・縱紋提花布

有領外套

外套1個鈕釦不扣，將結飾打在領口內側，看起來頗獨特的花形圖樣，散發非常優雅高尚的氣質。

88 × 88cm ・絲100% ・縱紋提花布

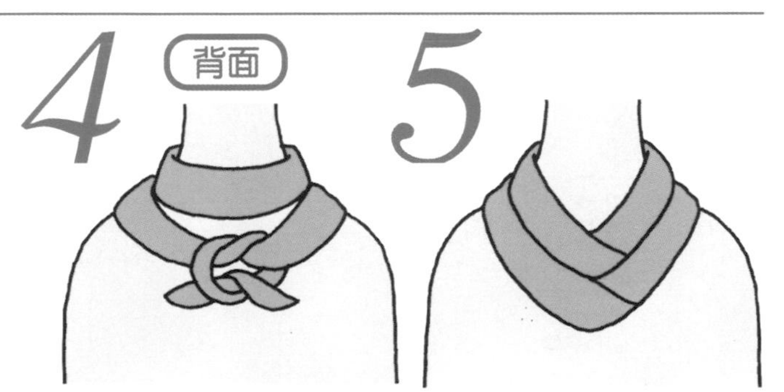

在頸後打2次結以平結固定。

調整正面的皺摺。

Sense Up

摺成三角形後再打結

領巾不斜摺而以三角摺法摺疊後，圍在頸部就能呈現自然皺摺，散發出華麗感。這種打法最好使用材質較薄的領巾。

88 × 88cm ・絲100% ・雪紡紗

三角圈結

這款結飾從肩部傾斜而下的線條，以及線條上方往下垂的前端，形成了一種律動感。旅行時它是用途廣泛又方便的打法，因爲領巾會呈現較大的面，所以要選擇和服裝有相同色彩的圖案，搭配起來才有整體感。

襯衫

這條領巾的設計是大膽的幾何圖形，成爲裝飾的一大重點。
90 × 90cm・絲 100%・斜紋布

領巾的打法

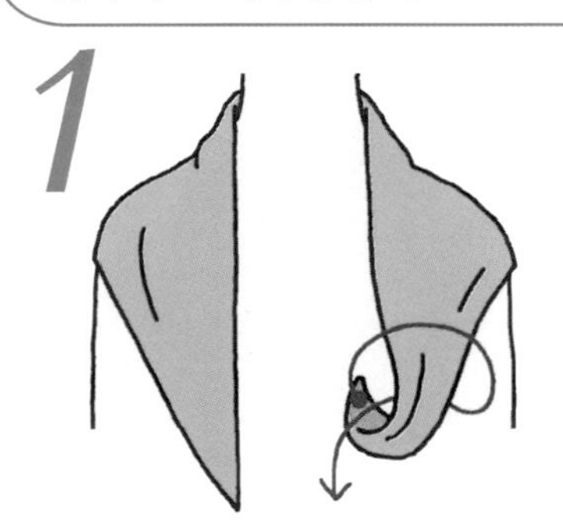

1 領巾摺成三角形（請參照P.14）後圍在頸部，一端保留約20cm後，打個鬆結。

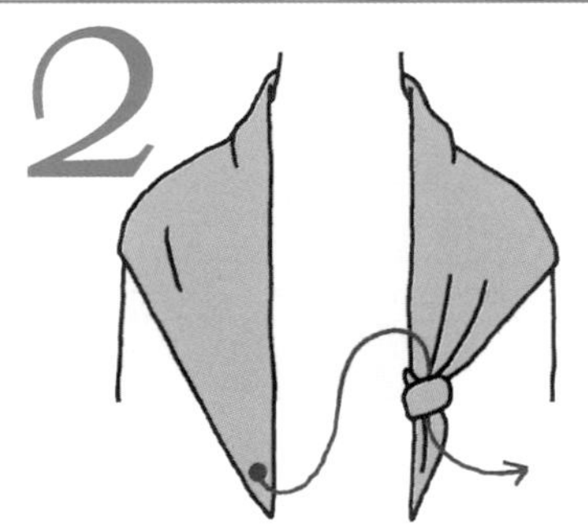

2 將另一端從結眼內側穿過結眼，再拉緊結眼加以固定。

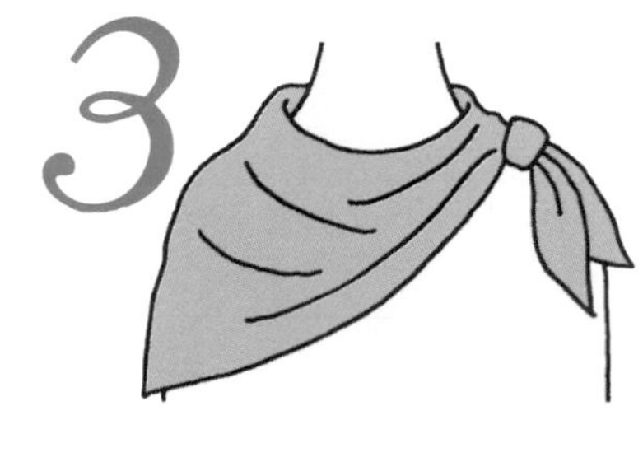

3 將結眼移至左或右側喜歡的位置，再調整皺摺。

Point
圍在脖子上覺得很難打結時，也可以先打好結再圍在頸部。

速配的領口款式

V字領

配合領口線條調整領巾皺摺，結眼稍微向後移一點，領巾上的線條會比較自然。

90 × 90cm ・絲100% ・斜紋布

高領

在胸口留個空間，這樣高領部分、領巾和身體的面積才能維持平衡。

90 × 90cm ・絲100% ・斜紋布

無領外套

選擇小一點的領巾來打三角圈結，能形成較輕鬆的感覺。

78 × 78cm ・絲100% ・斜紋布

穿入領巾環中

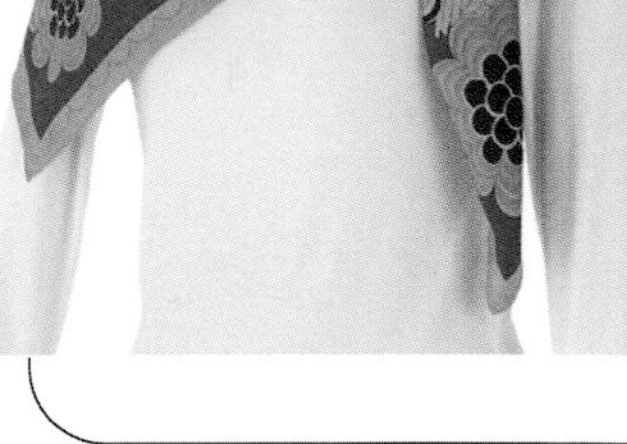

這個結飾也可以不打結，而是將兩端穿入領巾環來固定。領巾環閃耀的光芒能強化裝飾效果，或者也可以用9號大小的戒指來替代。

78X78cm ・絲100% ・斜紋布／領巾環

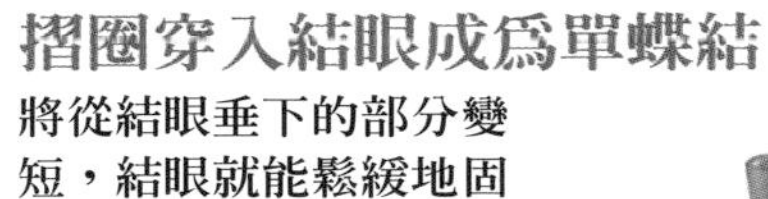

將從結眼垂下的部分變短，結眼就能鬆緩地固定在肩上。

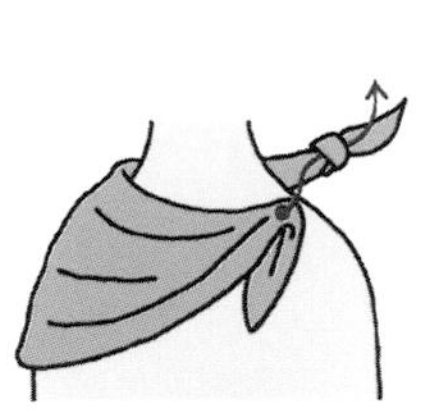

將領巾前端稍微摺一點，再將摺圈部分穿過結眼就完成了，結眼太鬆的話，結飾容易變形和鬆脫，所以要拉緊一點。

魚尾結

魚尾結的圓形結眼給人一種柔美的感覺，結飾小巧的造型搭配無領服裝，顯得十分華麗。使用材質輕薄、柔軟的領巾打起來更有效果，即使是條紋圖案的領巾，也能展現典雅、柔和的氣息。

針織衫

這條領巾的特色是圖案呈放射狀線條，也很適合用來搭配較簡單的結飾。

88 × 88cm・絲100%・提花雪紡紗

領巾的打法

1

領巾以長方形8摺摺法（請參照P.15）摺好後，再對摺一半，成爲1/16的寬幅。

Point

結眼如果鬆鬆地垂在脖子上，會顯得有點俗氣，打的時候請一面看著鏡子，一面留意結眼的位置。

2

領巾圍在頸部，兩端交叉，長端放在上方，然後從短端下方穿出打個摺圈。

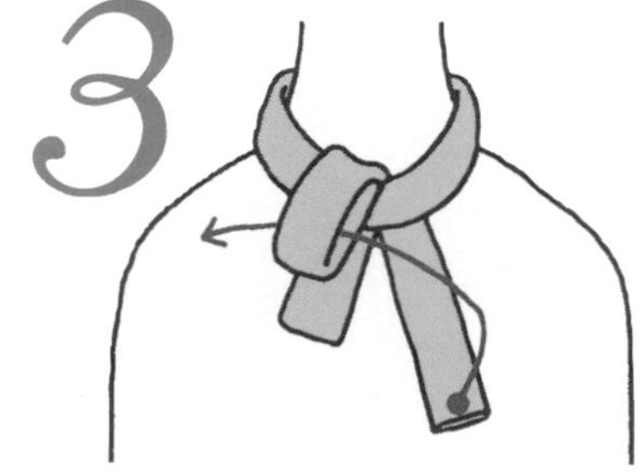

3

讓摺圈垂在前面，將領巾另一端穿入摺圈中。

速配的領口款式

小圓領

魚尾結的外形因爲左右不對稱，所以即使結眼放在正面，也能呈現一種動感。

88 × 88cm・絲 100%・縱紋提花布

高領

搭配頸部有重量感的領口線條時，將結眼移到側邊會顯得比較輕柔。

88 × 88cm・絲 100%・緞質雪紡紗

無領外套

頸部周圍有領口線條的外套，運用沒有邊框的領巾就能簡單地搭配。

88 × 88cm・絲 100%・條紋提花緞布

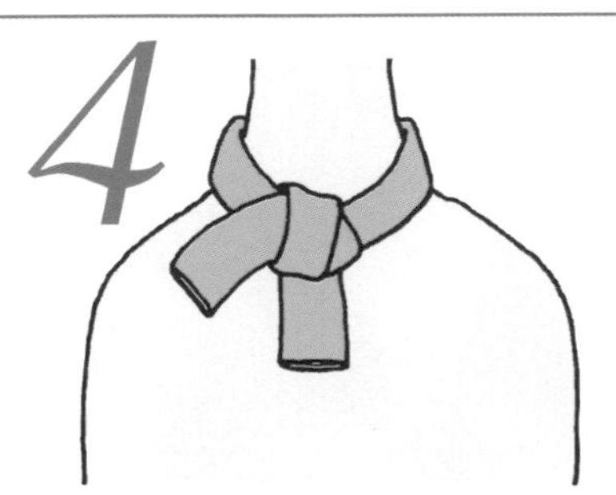

拉緊長端固定結眼，再調整外形。

Sense Up

摺疊後再打結

在打魚尾結的步驟 1 時，先以百摺摺法（請參照 P.15）摺疊後再打結。如此一來這款皺摺聚攏的魚尾結就變得十分華麗，利用粉紅色系的薄領巾來打結，前端散開的皺摺更顯得豔麗動人，它很適合用來搭配領口樣式單純的服裝。

88 × 88cm ・絲 100% ・縱紋提花布

玫瑰結

領巾捲好後前端的螺旋紋路，看起來就如同玫瑰花的花蕾般，參加派對或約會時，這款結飾很適合搭配柔美造型的服裝。最好選擇色調淡雅、質地輕柔的領巾，玫瑰花調整成稍微斜向錯開較美觀。

針織衫

這條領巾質地輕柔，配上簡單的圓點圖樣，是深受大衆歡迎的款式。
90 × 90cm・絲100%・雪紡紗

領巾的打法

1

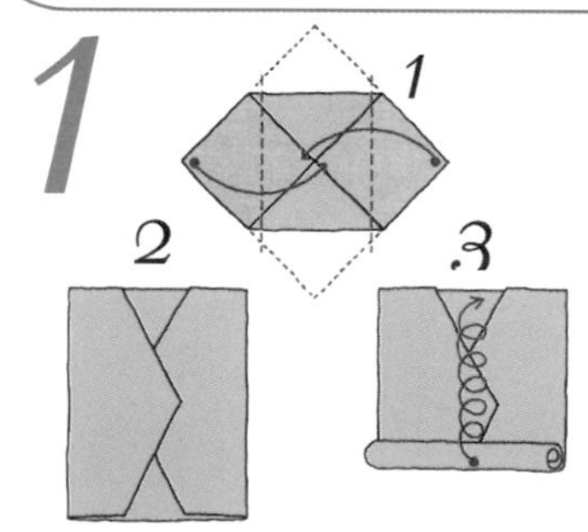

將領巾上下一雙對角朝中心點翻摺，再將另一雙對角往中心點多摺一點，然後從較短的一邊開始捲成圓條。

Point

短邊大約是「頸圍長度＋花的高度＋3～4cm」，這是最恰當的長度。

2

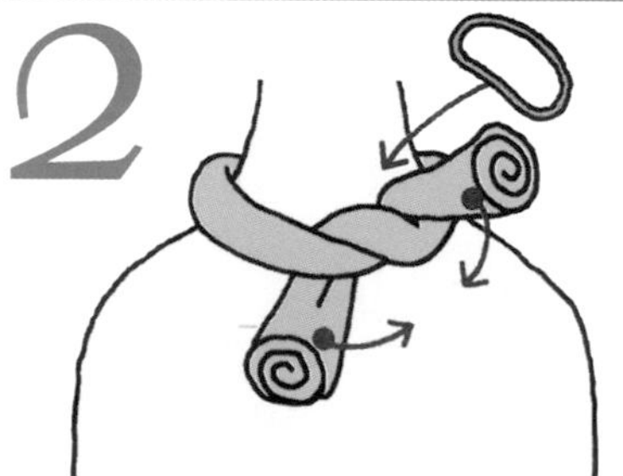

將領巾圍在頸部打個單結，讓前端朝前，根部用橡皮筋固定。

3

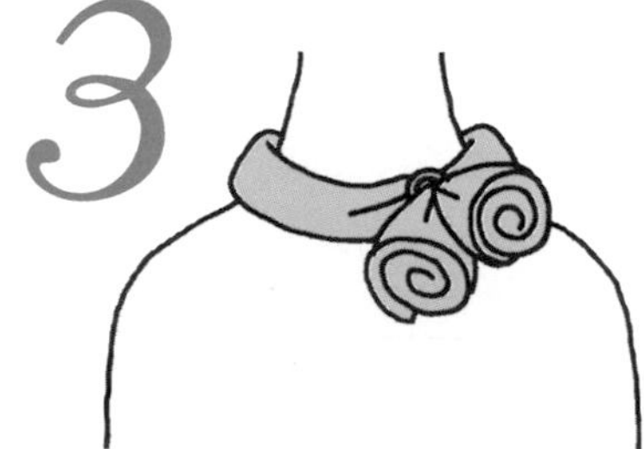

調整外形和方向，讓它看起來如同美麗的玫瑰花般。

Point

要選用和領巾同色系的橡皮筋，綁頭髮用的各色橡皮筋就很方便實用。

速配的領口款式

方領

玫瑰結很適合搭配有女人味的領口線條，即使用幾何圖形的領巾，打起來也很可愛。

90 × 90cm · 絲100% · 雪紡紗

V字領

這款結飾也很適合搭配深V字領，玫瑰花上下稍微錯開一點，看起來比較有平衡感。

88 × 88cm · 絲100% · 細棉布

襯衫領

領口解開1個鈕釦，將玫瑰結打在內側，這樣能減少可愛感，展現較成熟的韻味。

88 × 88cm · 絲100% · 縱紋提花布

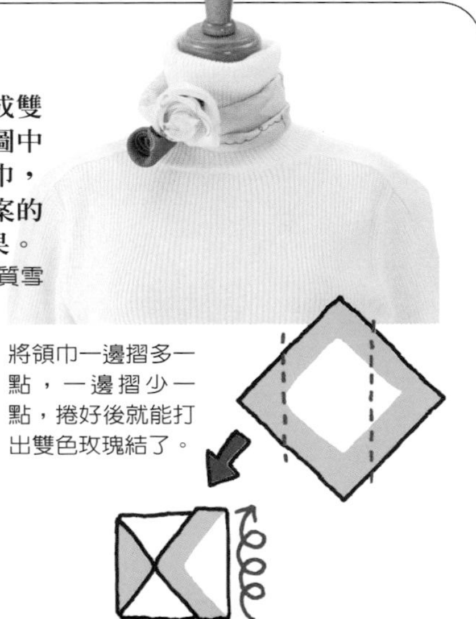

打出雙色玫瑰結

利用領巾上的圖案，打成雙色玫瑰結也十分別緻，圖中是使用粗邊框圖案的領巾，但是用有漸層色或大圖案的領巾來打也有不錯的效果。

88 × 88cm · 絲100% · 緞質雪紡紗

打單結後讓前端垂下

將玫瑰結步驟1 Point中的「花的高度」加長，打單結後不要用橡皮筋固定，而直接讓它垂在前、後面，只要將捲好的中心部分拉開調整一下就行了。

88 × 88cm · 絲100% · 細棉布

簡易三角結

這款結飾在肩部會呈現三角形的領巾，不論是針織衫或外套它都能隨意搭配。搭配高翻領時，能展現鬆弛流暢的皺摺，穿著顏色亮麗的上衣時，適合搭配色調較柔和的領巾。

針織衫

這條領巾上如同流動線條般的花紋設計，讓人感受到新藝術派 (art nouveau) 的風格。
58 × 58cm ・絲100% ・斜紋布

領巾的打法

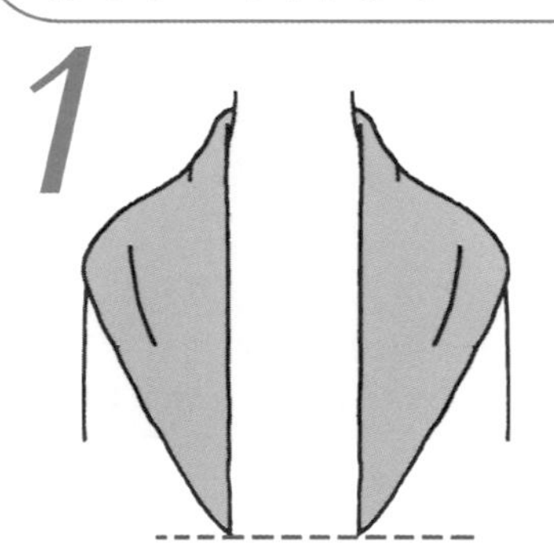

1 領巾先摺成三角形（請參照P.14），圍在頸部後兩端調整成等長。

Point

如果想讓披在肩上的領巾面積小一點，可以在圍到肩上之前，將摺成三角形的領巾底邊稍微往內翻摺一點。

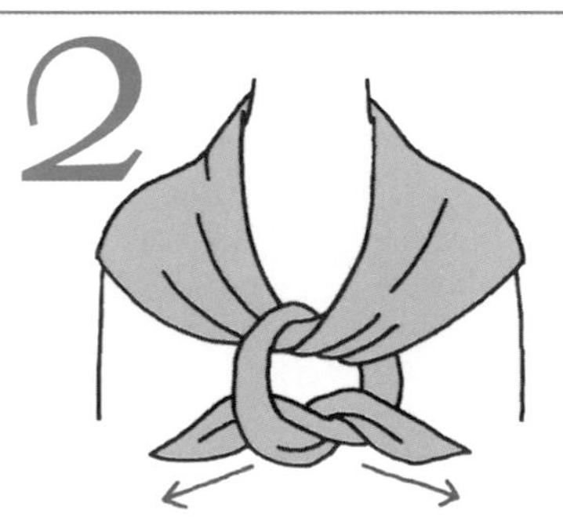

2 前端約保留20cm後，打2次結以平結固定。

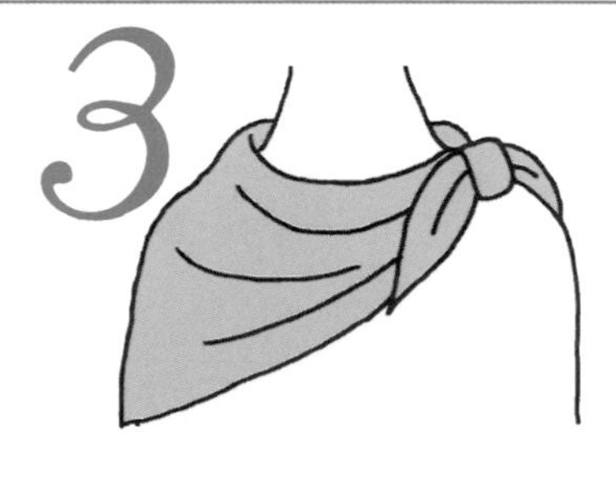

3 結眼移到左或右側，調整皺摺。

速配的領口款式

小圓領

將結飾打得貼近脖子一點，以遮住領口線條，用小尺寸的領巾比較不會顯得沉重。

78 × 78cm ‧ 絲100% ‧ 斜紋布

襯衫領

將領子豎起後再圍上領巾，解開領口鈕釦，再順著領口調整領巾的皺摺。

88 × 88cm ‧ 絲100% ‧ 提花斜紋布

有領外套

簡式三角結也很適合搭配西裝外套，它使正式的外套變成日常便服，運用漂亮花形圖案的領巾，能呈現一種柔美感。

88 × 88cm ‧ 絲100% ‧ 斜紋布

前端打蝴蝶結

這款結飾不打單結而以蝴蝶結固定，看起來彷彿肩膀停著一隻蝴蝶一般。選擇雪紡紗等材質較輕薄的領巾，能呈現柔美飄逸的感覺。

90 × 90cm ‧ 絲100% ‧ 雪紡紗

用橡皮筋固定

捏住三角形的皺摺處以橡皮筋固定，領巾披在身上的面積就會變大，這種打法若搭配較女性化的服裝，能散發成熟的韻味。準備和領巾同色系綁頭髮的橡皮筋來固定就行了。

88 × 88cm ‧ 絲100% ‧ 提花斜紋布

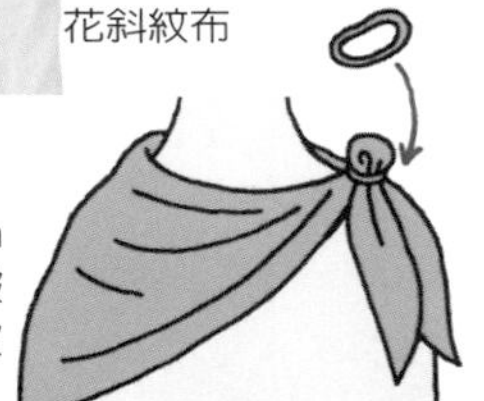

前端約留20cm左右，捏起皺摺處綁上橡皮筋加以固定。

打出完美結飾的7大要點

只有領巾突兀地突顯出來，或搭配太保守看不出裝飾效果等。
為了避免發生這些失敗的情形，以下要介紹搭配領巾時需注意的7大要點。
請你掌握這些訣竅，打出美麗、時髦的結飾吧！

領巾上的其中1色能和服裝搭配

彩色領巾上只要有1種顏色能和服裝搭配，就能呈現整體感。即使不是相同的顏色，但只要是同色系就行了。若不知該如何選購，可根據自己常穿衣服上的色彩來挑選。

68 × 68cm・絲100%・雪紡紗

領巾和服裝是同色系以形成整體感

領巾和服裝一樣選擇紅或藍等同色系，就能輕鬆搭配。如圖所示各色的相鄰兩色都屬同色系。只要掌握同色系的原則，即使呈現較大面積的結飾也會顯得很清爽。要選擇占領巾比例較多的色彩，來作爲搭配服裝的色系。

88 × 88cm・絲100%・緞質雪紡紗

選擇和服裝呈對比色的領巾來加強裝飾效果

紅色的對比色是綠色，黃色的則是紫色等。如圖所示各色正對面的色彩就是對比色。爲了維持整體平衡，雖然有時顯得太過搶眼，但很適合當作重點裝飾。服飾的色彩一旦增加，就能給人充滿活力的印象。

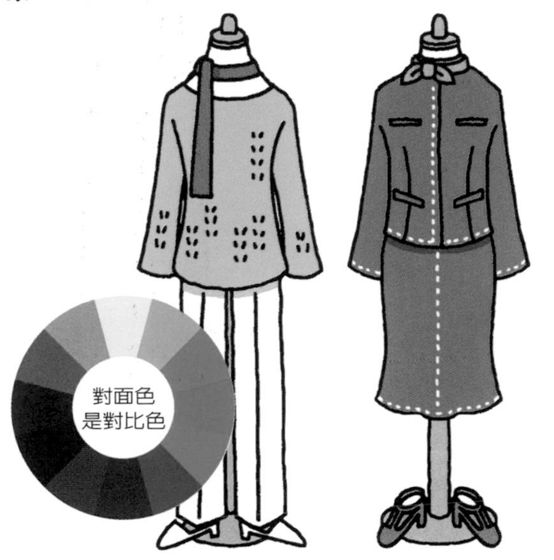

領巾和服裝的色調要和協

顏色以明暗及鮮艷度來分類，例如淺色系、亮色系、深色系等，這就稱爲色調。服裝和領巾如果色調相同，即使組合不同色或數種顏色，也不會互相干擾，所以同色調的優點是很容易搭配組合。

領巾顏色能和小配件搭配

選擇能搭配背包、腰帶、帽子或鞋子等小配件顏色的領巾，是另一項選購要訣。領巾如果分量太重，會破壞服裝的平衡感，所以這時要選擇結飾較小的打法。

58 × 58cm ‧ 絲 100% ‧ 緞質雪紡紗／背包／圓領衫／外套

組合結飾和下半身服裝來展現造型特色

你可以組合結飾和下半身服裝，來展現想呈現的造型特色，例如可愛、優雅、柔美、帥氣等。選定主題搭配穿著後，輕鬆就能呈現完美的整體感。

裙子＋小結飾

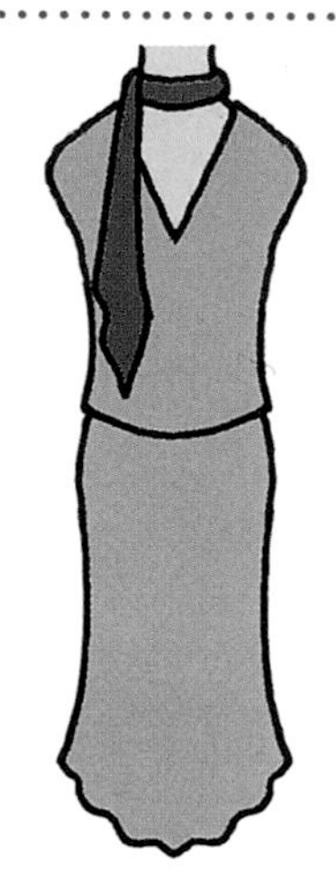

裙子＋長結飾

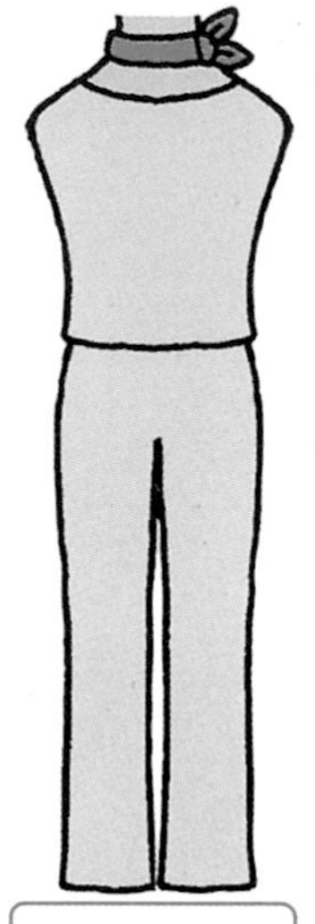

褲子＋小結飾

褲子＋長結飾

可愛

這是適合約會和參加小聚會的造型，以裙裝搭配柔美的領巾。將領巾貼著頸部打個柔和的結飾，就能散發優美、典雅的韻味。

優雅

這是能散發女人味的華麗造型，裙裝配上能拉長身形的長領巾。輕薄的領巾若讓它長長地垂懸下來，隨著動作搖晃的領巾，顯得格外優雅、飄逸。

柔美

這種造型不論平時或出外活動都很適合，下半身是搭配直統或緊身褲，領巾貼著頸部繫打，呈現好活動又健康的形象。

帥氣

這種造型若作爲上班服，就能呈現女強人般的幹練形象。下半身合身的褲裝配上縱向線條的結飾，給人清爽、舒適的印象。

留意材質的搭配運用

因爲領巾比服裝的面積少，所以要配合服裝的分量感調整領巾材質。

・較密實的針織衫或厚外套等，配上華麗的雪紡紗等材質的長領巾，整體會顯得不平衡，要選擇圍在頸部有厚實感的領巾，才會有均衡感。

・雪紡紗等輕薄材質製成的罩衫、連身裙或無袖裝等，要避免使用厚材質的領巾，必須選擇輕柔材質的領巾才能和協搭配。

part 3

靈活巧用長領巾

長領巾最近深受大眾的歡迎。
它不太需要摺疊，輕鬆就能完成結飾。
短結飾適合搭配便服，
長結飾則能散發一種優雅感。
高質感的長領巾也適合派對時使用。

長領巾	寬25～53cm、長130～200cm的長方形領巾。 有的前端設計成斜的，有的還加上流蘇。

單結

這是能展現領巾長度的簡單打法，因爲領巾的前端會長長地垂在前後，所以即使背面也能展現風情。如果是輕薄材質的領巾，即使搭配無袖衫也很涼爽，選購時要看著能照到全身的鏡子，以決定適當的長度。

罩衫

這條領巾前端有刺繡圖案，很適合簡單的打法。
25 × 160cm・特多龍 100%・雪紡紗

領巾的打法

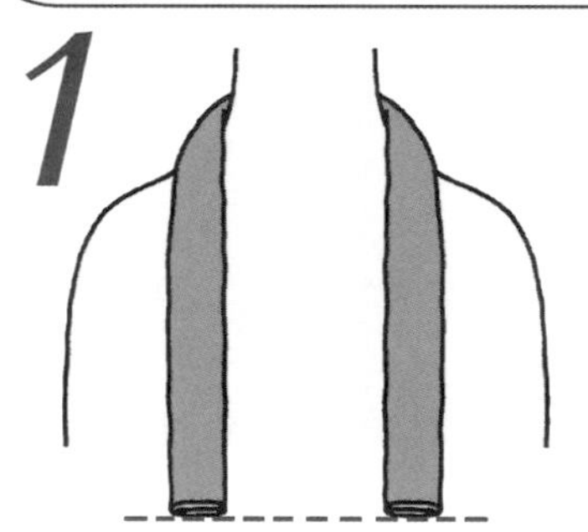

領巾摺 4 摺（請參照 P.15）後圍在頸部，左右調整成相同的長度。

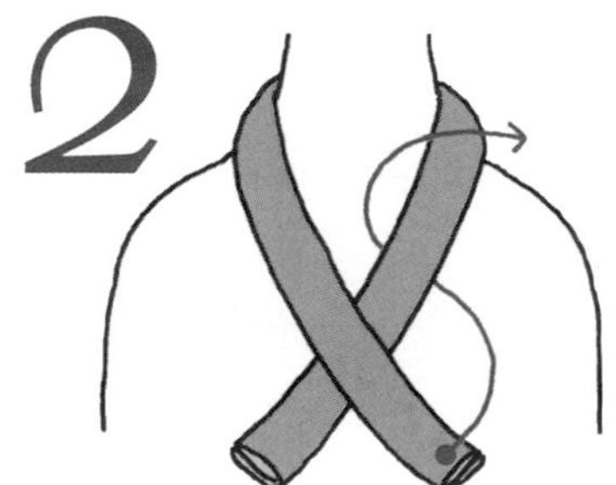

在正面打個單結。

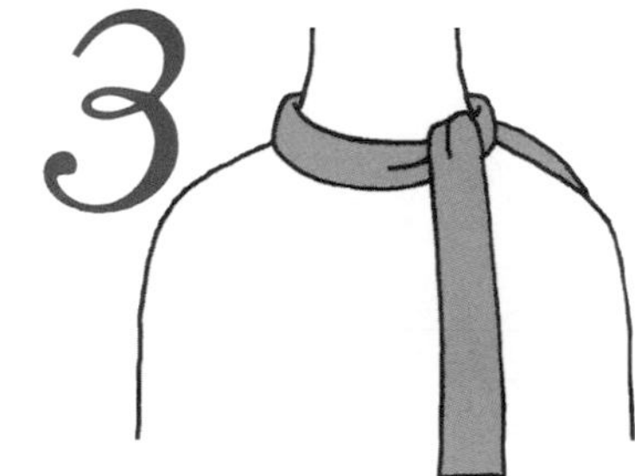

將結眼移至左或右側，讓前端分別垂在前後。

Point

垂在前面的領巾如果是從上穿出的那一端，結飾會顯得較有分量，若是從下穿出的那一端的話，則顯得較為俐落，可以配合服裝款式來選擇打法。

速配的領口款式

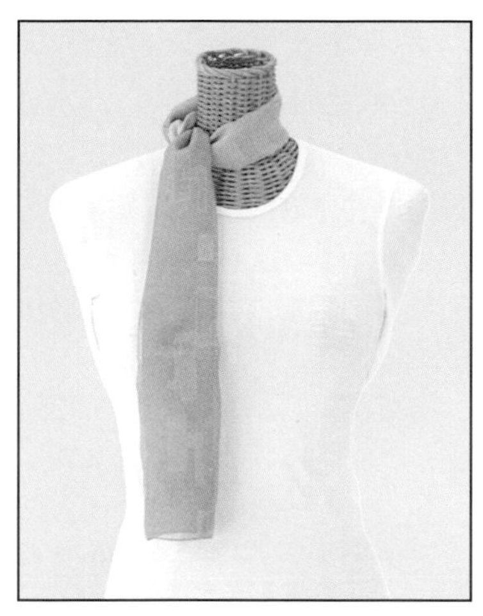

小圓領
將領巾緊密地圍在頸部，不要遮住領口的線條。這條織有幾何圖案的領巾，裝飾起來十分高雅。
38 × 160cm ・絲100% ・條紋雪紡紗

大圓領
橫向的大圓領線條和縱向的領巾線條非常速配，即使用長領巾，也能取得整體的平衡。
53X160cm・毛70%絲30% ・條紋緞布

襯衫領
解開鈕釦打開領口，將領巾繫在衣領內，搭配襯衫領最好選用質地輕薄的領巾。
53 × 170cm ・絲100% ・格紋雪紡紗

以別針固定
將領巾圍在頸部一端調成稍長一點，把長端搭在肩上垂到後面，交叉部分以別針固定。使用細緻圖案的領巾，最好搭配造型簡單、稍大的別針，或是用胸針固定也很別緻喲！
43X144cm ・絲100% ・提花布／別針

小專欄 column

長領巾也能當作和服腰帶
絲質的長領巾也能當作和服腰帶（綁在繫帶上以固定帶形）使用。和服的小配件價錢並不便宜，除了搭配和服外少有其他用途，但如果是長領巾用途就很廣泛。秋冬時適合選擇喬其紗或雙縐紗等材質，春夏時則可選用雪紡紗或薄紗布等。不適合用尺寸太大的，因爲綁起來顯得沉重，長度只要有自己腰長的2倍多就行了。

扭轉圈結

這款使用度很高的結飾，看起來雖簡單，但實際上卻有點複雜。用長領巾來打顯得很高雅，短一點的則很輕鬆休閒。想呈現沉靜優雅感時，領巾上最好有一色和服裝是同色調。

V領衫

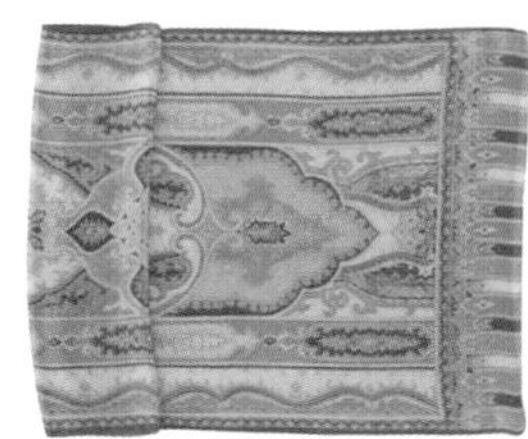

這條色調柔和的領巾，配上東方味十足的圖案，適合搭配各式服裝，用途十分廣泛。

53 × 160cm · 絲100% · 薄紗布

領巾的打法

1

用一手固定領巾的一端，另一手則從另一端開始扭轉。

2

擰好後將兩端合起來，從對摺處開始自然會纏繞在一起。

3

將捲在一起的領巾圍在頸部。

Point

領巾不要縱向摺疊只要扭轉，打出的結飾就會顯得很柔和。想讓扭轉圈結外形很優雅時，可以將領巾摺成1/3的寬度後再扭轉。

速配的領口款式

小圓領

搭配小圓領時，選擇直條紋的領巾，這樣圍在脖子上時，會顯得很整潔。

45 × 160cm・絲100%・水手紗

大圓領

讓領巾的前端長短不齊地垂在胸前，整體顯得較平衡，在打法步驟2對摺時就要讓兩端一長一短。

58 × 170cm・絲100%・格紋雪紡紗

襯衫領

解開鈕釦豎起領子，沿著領口圍上領巾，能呈現成熟的休閒風格，也可以將領巾直接緊圍在脖子上。35 × 200cm・絲100%・雪紡紗

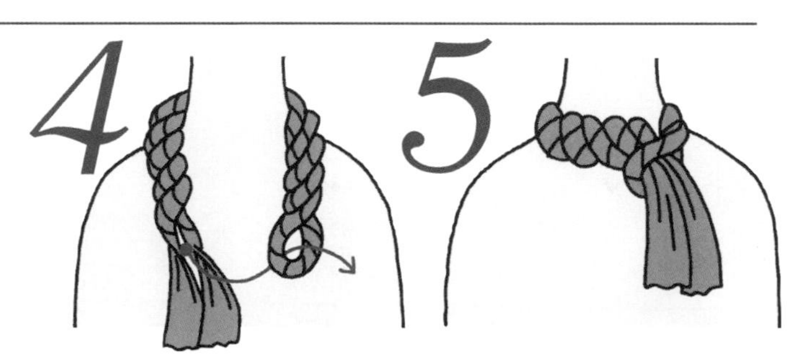

在對摺的圈環中，穿過領巾2個前端。

調整皺摺的形狀，結眼移至喜歡的位置。

Sense Up

搭配2條領巾一起使用

2條領巾一起使用，能呈現1條領巾無法達到的彩色摺紋，而且領結會顯得更有分量、更華麗。將2條領巾分別擰好，讓2條捲繞在一起，再對摺就能使用了。

綠：25 × 120cm・絲100%・雪紡紗、紫25 × 120cm・絲100%・雪紡紗

百摺蝴蝶結

想在靠近臉部的地方加強裝飾時，建議你可以使用這款結飾。將蝴蝶結拉開後，立刻散發出女性的柔美感。如果選擇直條紋或清爽色調的領巾，既不會太嬌媚，還十分時髦、別緻。

搭配簡單套頭衫時，只要有一條這樣的縱向粗條紋領巾，就是超完美的組合。
45 × 160cm · 絲100% · 雪紡紗

領巾的打法

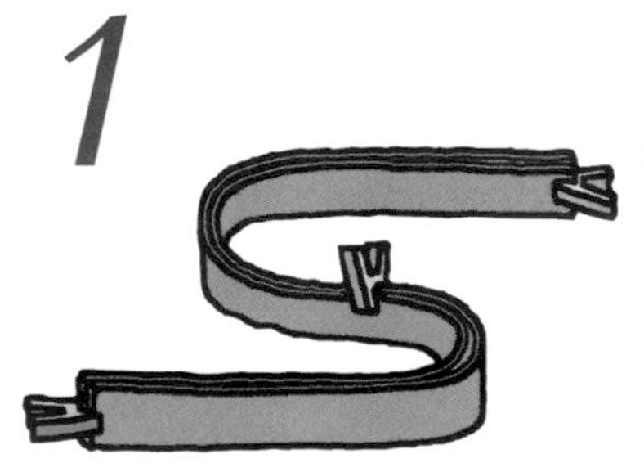

1 領巾縱向重複摺疊（請參照P.15）後，兩端和中央以夾子固定。

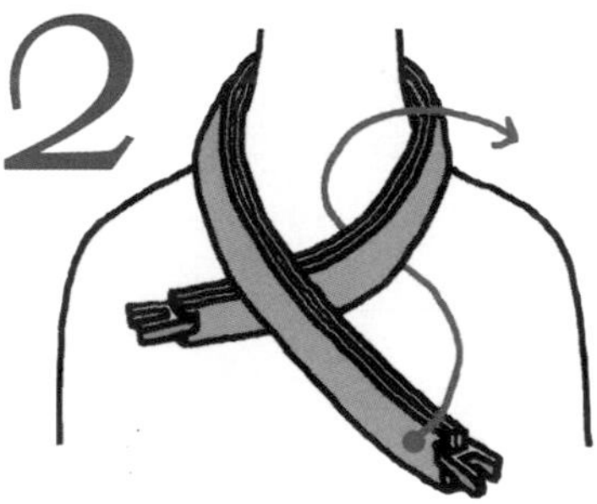

2 將領巾圍在頸部，兩端交叉，上方的稍微長一點，長端繞過短端下方往上穿出打個單結。

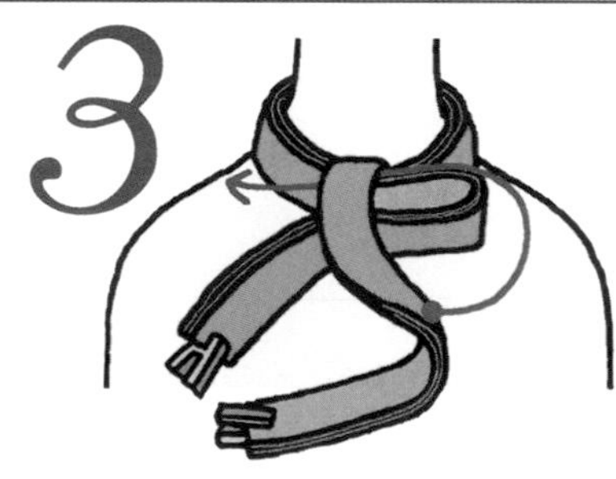

3 下方的短端拉向反側摺個圈，從上穿出的長端繞過短端打個蝴蝶結。

Point

因為領巾是縱向摺疊，所以打結時皺摺很容易散開，為了能打出漂亮的結，要訣是先用小夾子夾住加以固定。

速配的領口款式

小圓領
打好後將領巾的皺褶膨鬆地拉開，大約是能遮住領口線條的程度。
45 × 160cm ・ 絲100% ・ 雪紡紗

高領
爲了讓頸部看起來很清爽，蝴蝶結結圈要打小一點，將結圈和前端垂在前後也很漂亮。
43 × 170cm ・ 絲100% ・ 緞質雪紡紗

無領外套
這款柔美的結飾，很適合用來搭配具有女人味的外套。
45 × 160cm ・ 絲100% ・ 雪紡紗

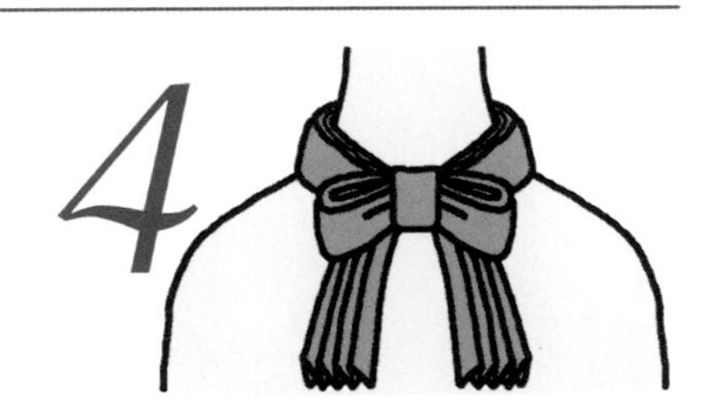

拿掉夾子，調整蝴蝶結的形狀，結眼移至喜歡的位置。

摺4摺後再打結
如果是用有彈性的材質，運用百摺法打出的結飾顯得較爲沉重，簡單地摺4摺（請參照P.15）後所打的蝴蝶結，結形會比較漂亮，還會呈現一種知性美。即使搭配較有女人味的服裝，也不會顯得太柔媚。
45 × 143cm ・ 絲100% ・ 雙縐紗

仙女結

外形上呈現3層的仙女結，使服裝展現出一種動感，而且造型顯得更時髦、俏皮。如果將最下層的一端披在肩上，又能變換另一種風情，所以可以配合自己當天的服裝，隨興變換花樣。

針織衫

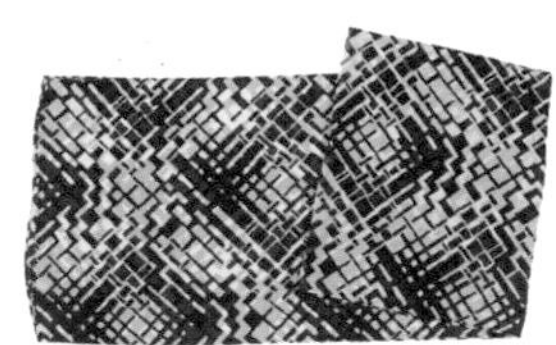

這條領巾上單調的幾何圖形，適合用來搭配線條明顯、造型清爽的結飾。30 × 168cm・特多龍100%

領巾的打法

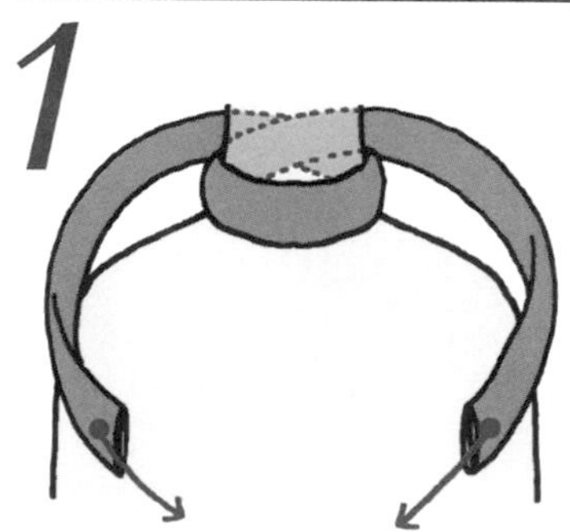

1 領巾縱向摺成1/3的寬度，將中央圍在頸部正面，兩端在頸後交叉後再拉回前面。

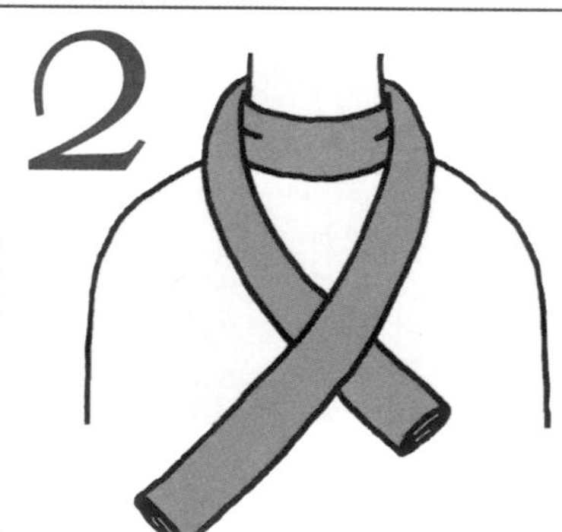

2 一端稍微調長一點，和短端交叉。

3 長端摺個圈，然後穿過短端下方從上穿出。

速配的領口款式

小圓領

將領巾最下面的那一端披在肩上，頸部貼緊，輕薄材質的領巾顯得比較輕鬆，整體才能維持平衡。

45 × 160cm・絲100%・雪紡紗

方領

將結眼移到側邊，以展現領口優美的線條，領巾最下方的一端也可以披到後面去。

25 × 120cm・絲100%・雙縐紗

無領外套

展現女性柔美線條的外套，適合搭配展開皺摺的仙女結，最下方一端披在肩上，能呈現一種輕快感。

43 × 150cm・絲100%・雪紡紗

4

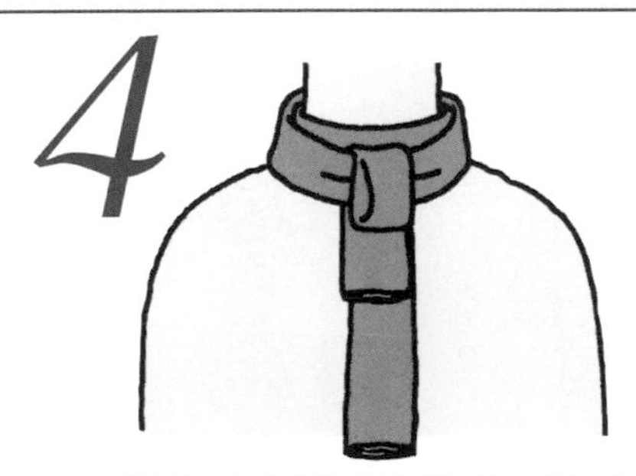

調整下垂摺圈的外形，最下面的那一端也可以披在肩上。

Point

圍在頸部的部分或結眼太鬆的話，結飾就不會呈現垂懸的效果，打結時請看著鏡子調整平衡。

運用有花邊的造型領巾

仙女結在直條紋中，透出一種優美、典雅的氣息，所以即使用有花邊設計的可愛造型領巾，結飾也不會顯得太繁複。

16.5 × 185cm・絲100%・楊柳布

前端開叉且有花邊設計的領巾，也很適合打仙女結。26 × 170cm・絲100%・雪紡紗

扭轉領帶結

這款簡單的領帶型結飾，只要將領巾前端穿過結眼就完成了。鬆弛的皺摺充分展現女性柔美的氣質，雖然它極適合搭配普通的襯衫，但它並非緊貼在頸部，所以能搭配各式領口用途十分廣泛。

襯衫

這條領巾的圖案中，加入長領巾上很少見的邊框設計，依據不同的打法，甚至會讓人以爲是正方形領巾。
33 × 130cm・
絲100%・雙縐紗

領巾的打法

1

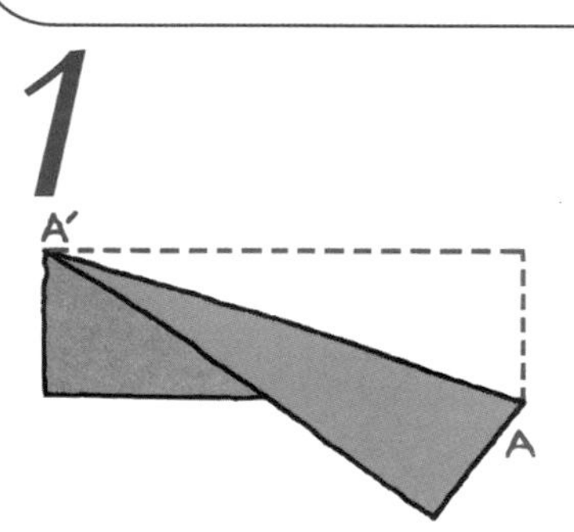

領巾沿對角線斜摺。

Point
領巾還沒扭轉前，先沿對角線對摺，為的是讓前端呈開叉狀，好讓結飾顯得更活潑、俏麗。

2

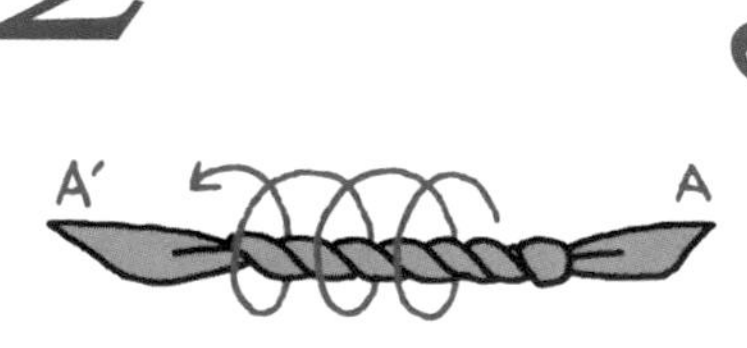

在整體1/4長的位置先打個結眼，再從另一端開始扭轉領巾。

3

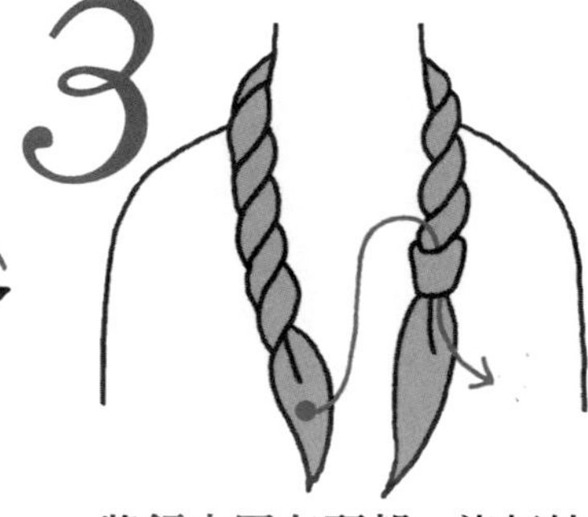

將領巾圍在頸部，沒打結的那一端，從結眼上方穿過結眼。

速配的領口款式

方領

爲了能呈現方領線條，將結眼打在領口的下面，適合選擇風格柔和、能散發女人味的領巾來搭配方領。

28 × 150cm ・絲100%・雪紡紗

V字領

配合V領領口將結眼置於領尖下方，領巾前端最好能稍微錯開一點。43 × 150cm ・絲100%・斜紋布

高領

這款結飾搭配高領或翻領時，會明顯呈現縱向線條，具有使脖子顯得更纖細的效果，最好選擇材質較輕薄的領巾。

33 × 130cm ・絲100%・雙縐紗

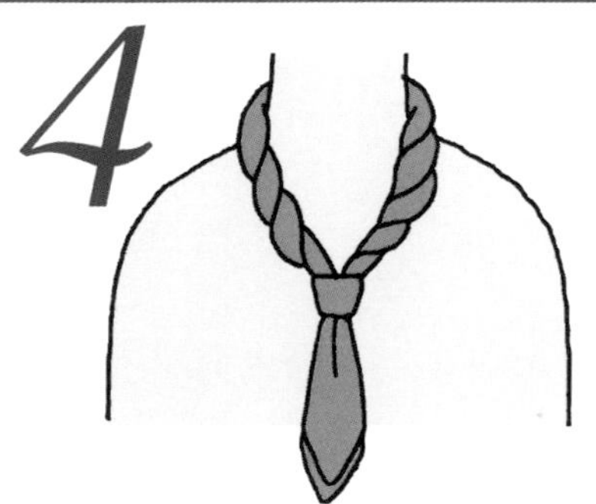

4

拉緊結眼，調整外形。

Point

結眼打得太鬆，皺摺會散開來，用力拉緊，領帶結才會有形、漂亮。

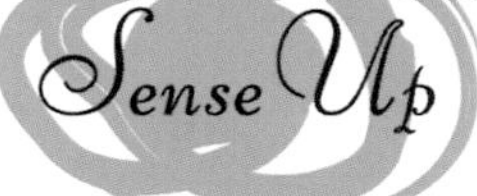

摺4摺後再打結

領巾摺4摺（請參照P.13）後打個結，扭轉後將另一端穿過結眼。領巾不要擰太細顯得較有分量，搭配外套或大衣時，整體才能保持平衡。

43 × 158cm ・絲100%・千鳥提花布

圍在頸部2圈

如果不適合穿V領衫，或領口顯得太空，還是想讓領帶短一點時，就能像這樣加以變化，將領巾在頸部捲一圈後，前端再穿入結眼中就行了。

45 × 160cm ・絲100%・水手布

雙層捲結

雙層捲結用途極廣，不論是日常便服或派對的晚宴裝等都能完美搭配，而且適用各種花色和材質的領巾。因為外形好整理，所以也可以選擇前端開叉的款式，選擇的領巾花色要能成為服裝的裝飾焦點。

針織衫

這條前端呈尖形設計的領巾，只要簡單的圍在頸部就能展現無限風情。大領巾斜摺後，同樣也可以這樣使用。43 × 128cm・絲100%・斜紋布

領巾的打法

1

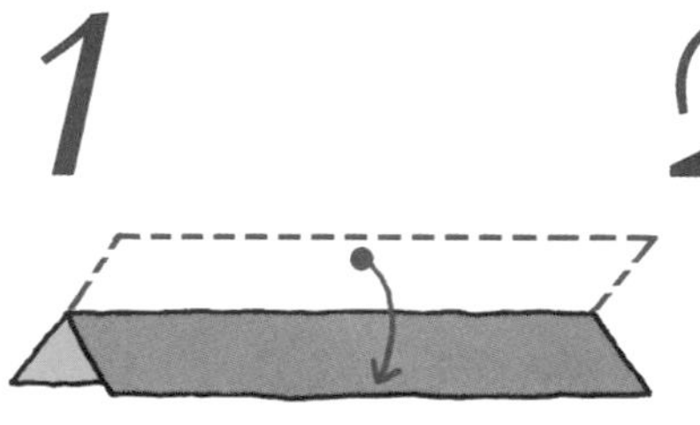

領巾先摺成1/2～1/3的寬度。

2

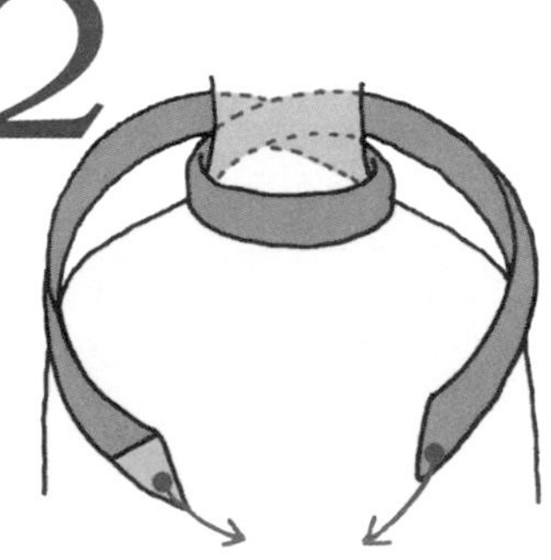

將領巾中央圍在頸部正面，在後方交叉後拉到前面讓它垂下。

3

調整頸部及前端領巾的外形。

Point

雙層捲結打法簡單，隨著頸部領巾的寬度，會呈現不同的風格，你可以依據服裝和領巾的樣式自行搭配運用。

速配的領口款式

小圓領

選擇材質較厚重、能呈現垂墜感和線條的領巾，讓領口看起來顯得很清爽。

15 × 168cm ・絲100%

V字領

領巾前端尖銳的線條，和V領領口十分搭調，左右前端也可以調整成稍微不同的長短。

15 × 180cm ・絲100% ・緞質雙縐紗

襯衫領

解開領口鈕釦，將結飾打在領子內側，爲了不要讓頸部顯得沉重，最好選擇輕薄材質的領巾。

45 × 150cm ・絲100% ・雪紡紗

兩端垂在後面

當穿著背面裸露較多的服裝，或是想展式服裝正面的設計時，雙層捲結可以這樣變化，會更有裝飾效果。有重點圖案的領巾，圍的時候最好將圖案放在表面。

20 × 165cm ・絲100% ・緞布

長領巾太長時

相對於服裝或身形，領巾如果顯得太長時，可以在頸部多繞一圈，讓兩端變短，就能改變失衡的狀態。

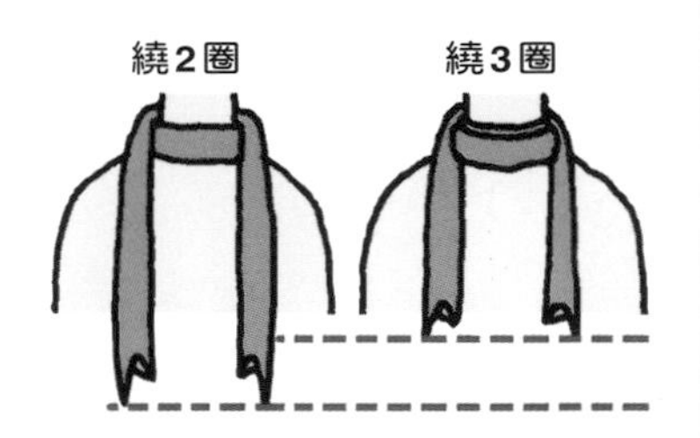

參加派對時領巾的裝飾法

簡單的連身洋裝只要搭配1條領巾，立刻變成時髦的社交服。
不妨試著活用領巾，讓你的晚宴裝展現與衆不同的高雅風格吧！

使用領巾

建議你使用雪紡紗等輕薄材質的長領巾來搭配，或是用有花邊等具設計感的領巾也很漂亮。既時髦又方便的結飾就是呈縱向線條的簡單打法，也可以加個胸針或別針來作爲裝飾。

打法

1 領巾摺成1/2～1/3的寬度。

2 將中央圍在頸部正面，在背面交叉後再拉到正面。

3 調整頸部及前端的外形。

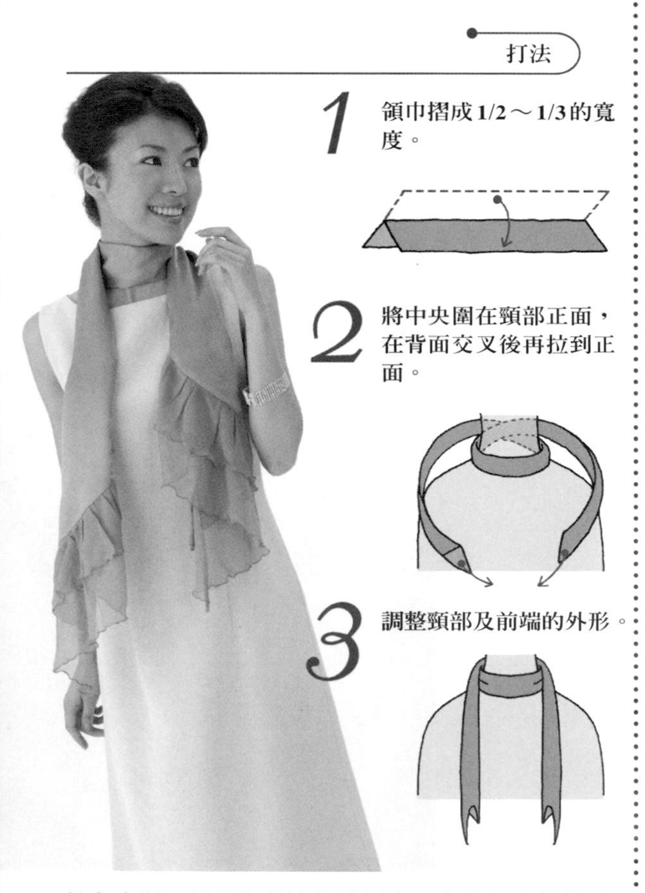

具有光澤、前端有花邊的長領巾，光是如此就能給人華美的印象。連身裙配上一條同色系的長領巾，就是簡單又大方的組合。

15×160cm・絲100%・緞布×雪紡紗／手環

打法

1 將摺成1/2～1/3寬的領巾圍在頸上，要拉到後面的一端留長一點。

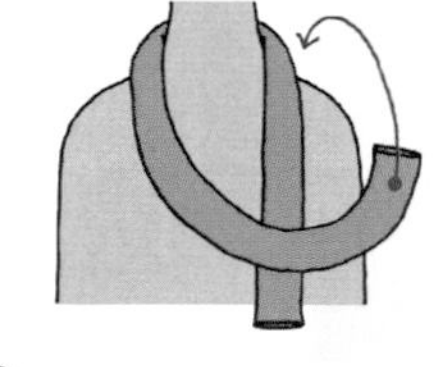

2 長端拉到反側圍在肩上。

3 領巾交叉處以別針固定，再調整形狀。

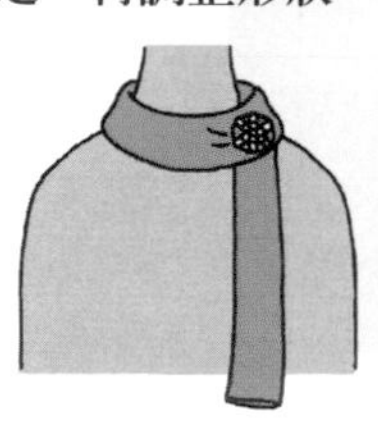

派對宴會裝最適合搭配輕薄材質的領巾，色彩選擇能成爲服裝焦點的顏色，別針的顏色則要配合服裝。別針和領巾一起搭配運用，比作爲單品使用，能使服裝顯得更華麗。

53×160cm・絲100%・水手布／連身洋裝／別針

使用披肩

手邊如果備有裝飾著蕾絲或流蘇的披肩，就能隨時展現成熟、華麗的裝扮。披肩上如果還綴飾著閃耀的亮片或串珠，將令你在派對裡更加亮眼。

圖中這條華麗的披肩，在蕾絲材質上還綴著亮片。如果你也有一條好配色的披肩，那麼任何服裝透過它的搭配都能顯得豪華、亮麗。最好搭配簡單的連身裙，以突顯披肩的裝飾感，圍的時候稍微露出一點肩部，會顯得十分高雅、優美。

50 × 190cm・正面特多龍100%・反面絲100%・蕾絲布

打法

1 長方形披肩圍在肩上，左右長短調成2比1的比例，將長的一端披到另一側的肩上。

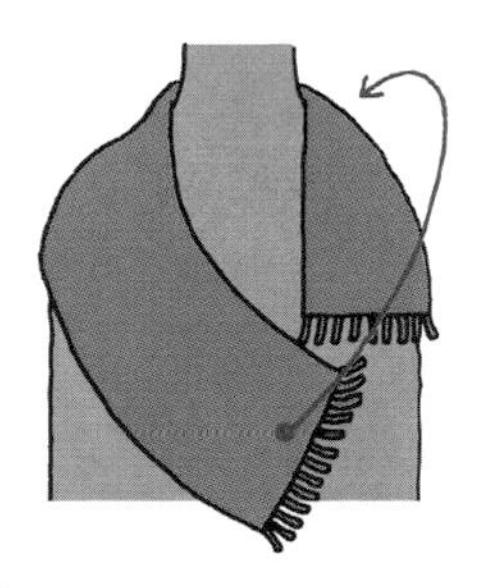

2 調整皺摺的形狀。

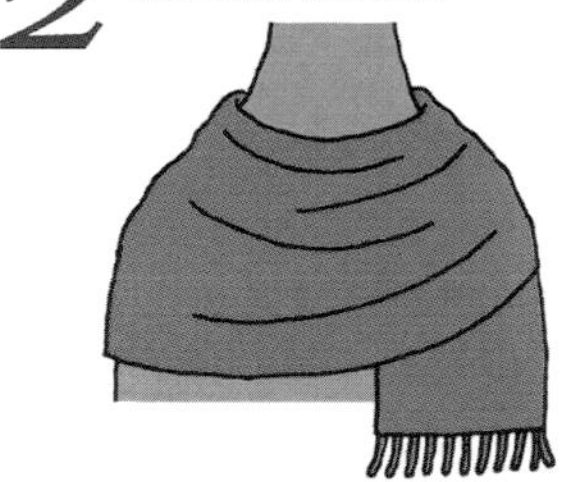

這條華麗的披肩，上面的圖案是由透明部分及天鵝絨花樣交織而成。黑色針織衫配上百褶裙的簡單造型，搭配上呈現流暢皺摺的披肩，立刻搖身一變成爲正式的宴會裝扮。

55 × 180cm・特多龍100%・提花布／針織衫・裙子・腰帶

用餐時如何固定披肩

將披肩的兩端從腋下拉至背後，鬆鬆地打個結，固定之後，即使稍微移動也無妨。參加站著用餐的派對時，建議你也可以變換這樣的打法。

五花八門的造型領巾

另外也有以簡單打法就能展現無限風情的各種造型領巾。
它們即使不打結也能簡單固定，就算初學者都能輕鬆運用。
不妨買條來試用看看，你就能立了解它們特殊之處。

花邊造型

這條長領巾的前端，以同花色的布設計了皺摺花邊，也很適合用來搭配淡雅、時髦的服裝。
12 × 170cm ・絲100%・緞質雙縐

這是正方形的花邊造型領巾，雖然材質輕薄，但是也能打出有分量的結飾。
67 × 67cm ・絲100%・雪紡紗

在兩側加上荷葉邊的小領巾，簡單圍上就有無限風情，適合搭配有女性味的柔美服裝。
18 × 130cm ・毛70%尼龍20%・提花布

雙層重疊

這條前端開叉的長領巾，是以素面的薄紗及花布重疊縫製而成。重點的胸花設計也有固定領巾的功用。
26X170cm・絲100% ・雪紡紗

造型剪裁

這條領巾的前端是沿著花朵圖案的輪廓裁剪而成，簡單地圍在頸部，就能展現特殊的造型裝飾。
35 × 120cm ・絲100%・雪紡紗

不必繫打就能固定

這條前端附有胸花般裝飾的短領巾，很適合派對場合使用。圍在頸部時花朵會合在一起，輕鬆轉一下就能迅速固定。
15 × 145cm ・絲100%・雪紡紗

這條領巾圍住頸部的部分較細，而前端較寬，所以不用摺就可以直接繫打。即使不打結也可以用隨附的假鑽扣環來固定，任何人都能輕鬆打出漂亮的結飾。
6 × 125cm ・絲100%・緞布

part 4

無窮妙用披肩和圍巾

披肩和圍巾不只能夠禦寒，
還能搭配服裝成爲美麗的裝飾。
大概許多人手邊雖有好幾條，但只會一種打法吧？
不妨偶爾變點花樣，享受搭配的樂趣，
花點心思在服裝上，心裡也能更暖和喲！

水手結圍法

水手結圍法是正方形披肩的基本圍法，雖然它也可以搭配外套，但是搭配舒適的薄衫，不但能作為裝飾，還有禦寒的功用，看起來既新潮又漂亮。圍打的訣竅是結眼要打在胸口上，這樣外形最美觀。

針織衫

凹凸明顯的織目呈現出柔和的氣氛，這條屬於基本色的白色披肩，任何人都會想擁有一條隨時備用。

140 × 140cm・喀什米爾羊毛100%

披肩的圍法

1

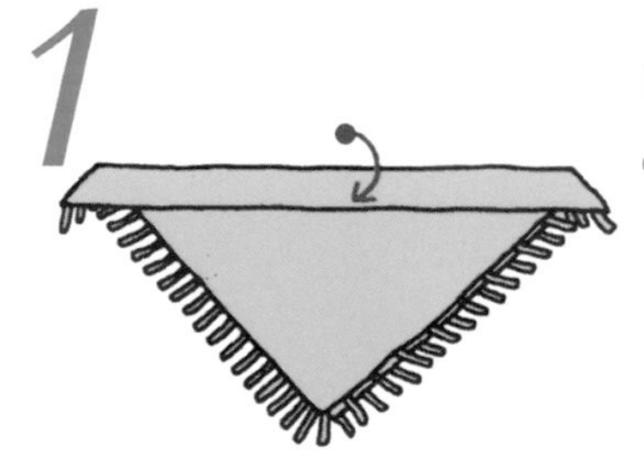

正方形披肩先摺成三角形（請參照P.14），底邊再稍微翻摺一點。

2

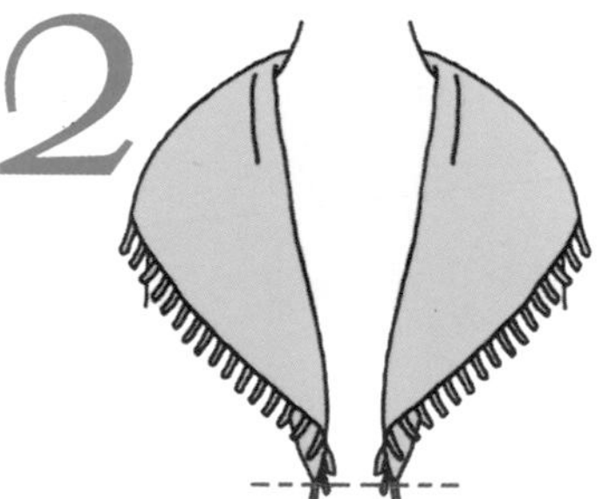

摺疊部分朝內側圍在肩上，左右兩端調整成相同的長度。

3

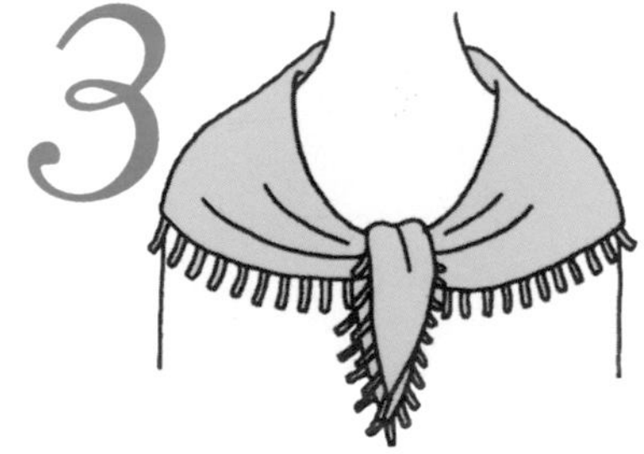

決定結眼的高度後，打個單結，再調整外形。

Point

因為披肩的材質較厚，所以左右兩端打結後直接放著很容易就會鬆開，打好結後將上、下兩端調整成重疊，這樣外觀不但簡潔大方，而且結飾也不易鬆脫。

速配的領口款式

高領

頸部較有分量的高領服裝，即使搭配大披肩也能保持平衡，粗大的結眼，可以強化裝飾效果。

125 × 125cm · 毛100%

有領外套

領口豎起，將披肩披在肩上，披肩材質如果太厚重，裝飾起來會顯得沉重，所以最好選材質薄一點的披肩。

120 × 120cm · 喀什米爾羊毛50% 絲50%

無領外套

將披肩披在肩上蓋住領口線條，能呈現十分溫暖的感覺。

只是披在肩上

只是將披肩披在肩上，這種圍法皺摺少且能簡單裝飾服裝。覺得有點冷時，就可以輕鬆地變換這種圍法。

以平結加以固定

質地較厚的披肩摩擦力較強，雖然打單結也能固定，但是打平結會更穩固，而且顯得很典雅，結眼也可以移到側邊。

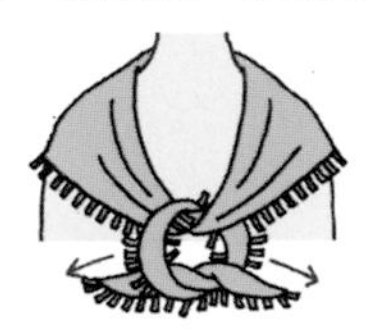

打2次結以平結固定

雙三角披肩圍法

這種圍法前後都呈斜向線條，由於皺摺少且披肩呈現較大的面，所以裝飾起來好似穿了件不同的衣服一樣。而且它是以別針固定，所以還可以挑選喜愛的別針加強裝飾效果。

前扣式羊毛衫／別針

格紋是披肩的標準圖案，這條披肩是由白色和灰色條紋組成，顯得十分柔和。
50 × 180cm ・喀什米爾羊毛100%

披肩的圍法

1

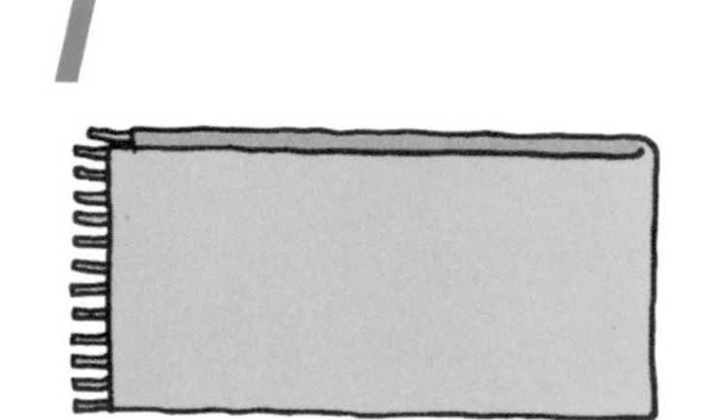

將長披肩的長度先對摺成一半。

2

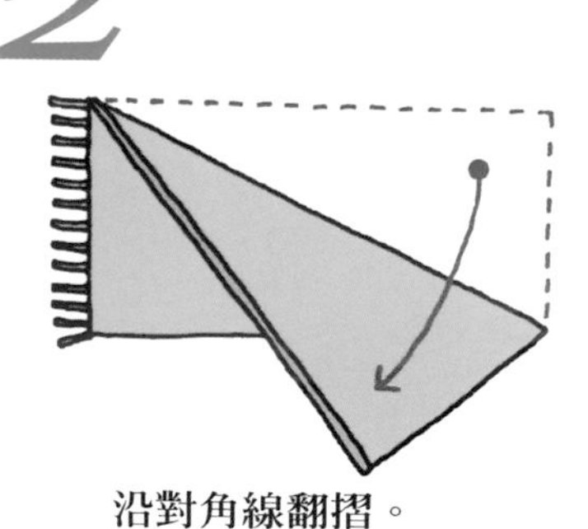

沿對角線翻摺。

3

將對角線的中央圍在一側的肩膀上，再將前端拉到在另一側肩上重疊。

Point

有流蘇的披肩在圍上之前，請先想好流蘇要展示在前面或後面。

速配的領口款式

小圓領

沿著領口線條調整披肩的皺摺，如果披肩在肩上重疊部分較多，皺摺也會增加。

50 × 180cm ・喀什米爾羊毛100%／別針

高領

如果搭配較薄的衣服，選擇圖案較活潑的披肩也頗具裝飾效果。別針顏色要選擇和格紋圖案中的一種色彩相同。

50 × 180cm ・毛63% 安哥拉羊毛20% 尼龍17%／別針

有領外套

搭配有領外套要選擇稍微薄一點的披肩，以免顯得太沉重，挑選大一點尺寸的披肩，能呈現較鬆緩的皺摺。

70 × 190cm ・喀什米爾羊毛100%／別針

4

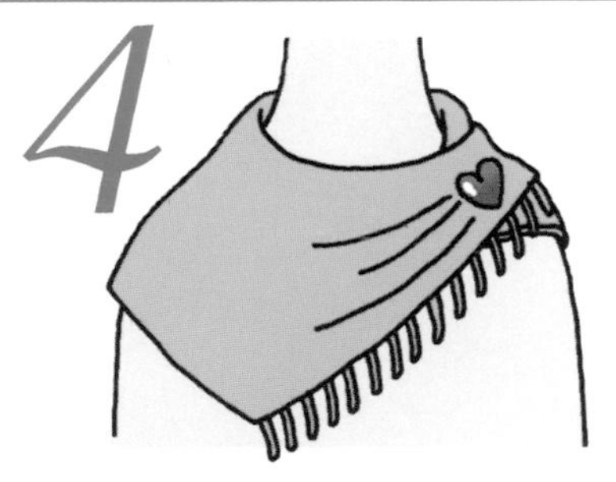

重疊的前端以別針固定，再調整皺摺。

Sense Up

以單結固定

這種圍法若想呈現較休閒的感覺，也可以用單結來取代別針。打上單結後，皺摺會環繞在頸部周圍，想簡單裝飾頸部時能運用這種圍法。

60 × 180cm ・毛98% 尼龍2%

雙層背面結圍法

這種看似隨意的圍法，襯托服裝顯得更時髦。因爲它的結眼是打在背面，所以背部造型十分俏皮。這種圍法適合搭配簡潔、合身的服裝，整體才有平衡感。而且要選擇較薄材質的披肩，以免整體顯得太沉重。

豎腰上衣

這條披肩一面是素色一面是格紋，兩種不同的花色能隨意運用，款式十分獨特。

70 × 200cm・毛68% 絲32%

披肩的圍法

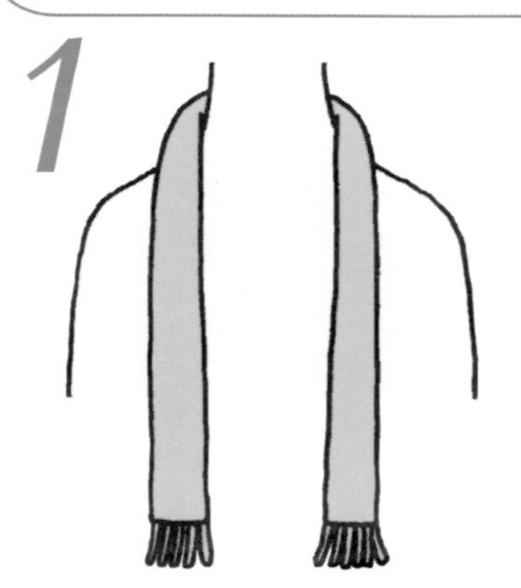

長披肩先摺4摺（請參照P.15）後，圍在頸部。

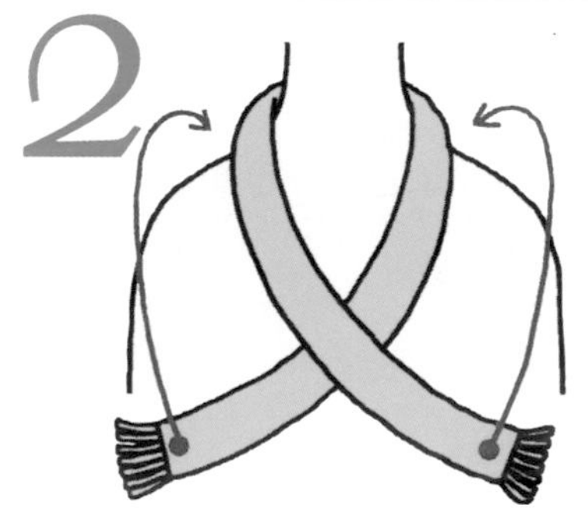

在正面交叉後，兩端往後拉。

在背面打個單結，再調整外形。

Point

讓披肩前端參差不齊地自然垂在背面，這樣才能呈現自然隨性的感覺。

速配的領口款式

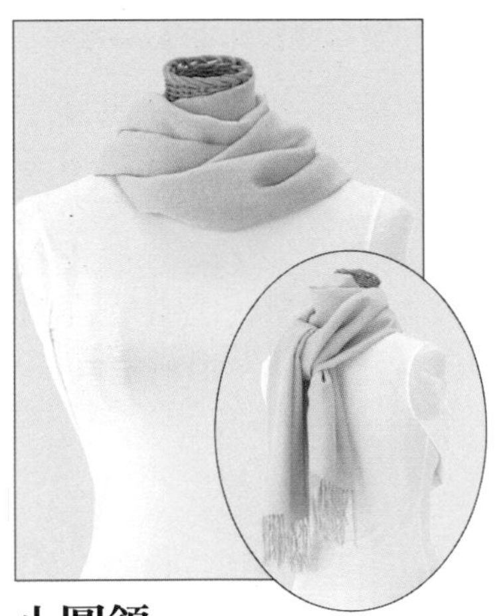

小圓領

將披肩遮住領口線條，稍微鬆鬆地圍在頸部。

70 × 180cm ・壓克力棉 100%

V 字領

將披肩緊圍在頸部，露出 V 領線條，這種圍法顯得比較俐落。

50 × 180cm ・喀什米爾羊毛 100%

高領

搭配高領的裝飾重點是，要讓領口最上一截露出來，不過如果披肩圍得太緊，會呈現出不舒適的感覺，這點請特別留意。

60 × 180cm ・經線絲 100% 緯線喀什米爾羊毛 100%

兩端垂在前面

這種圍法要搭配厚領子衣服或連帽衣時，在背後的結眼便會和它們重疊，所以最好讓兩端自然地垂在前面。將披肩中央圍在頸部正面，兩端拉到後面交叉後，再拉到前面讓它垂下。

50 × 180cm ・喀什米爾羊毛 100%

在前面穿過兩端

這種圍法是能散發優雅氣息、比較柔美的裝飾法。若想頸部溫暖一點，可以圍緊一點。請選擇觸感較佳的材質，也可以利用較短一點的圍巾來圍。

50 × 180cm ・喀什米爾羊毛 100%

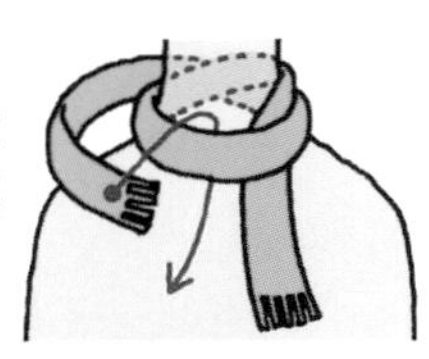

披肩中央圍在頸部正面，兩端拉到背面交叉後，再拉回正面穿過圍在頸部的披肩。

肩摺結圍法

這是長披肩的標準圍法，特點是不論在實用性或外觀上，都能讓人感到溫暖。它適合搭配同色系的服裝，除了有整體感外，看起來也很瀟灑。因爲圍法簡單，所以就算材質厚重，圍起來也顯得很俐落。

外套

這條材質厚重、暖和的披肩，建議你搭配服裝時使用簡單的圍法。
60 × 180cm・壓克力棉75% 毛海呢 14% 特多龍 11%

披肩的圍法

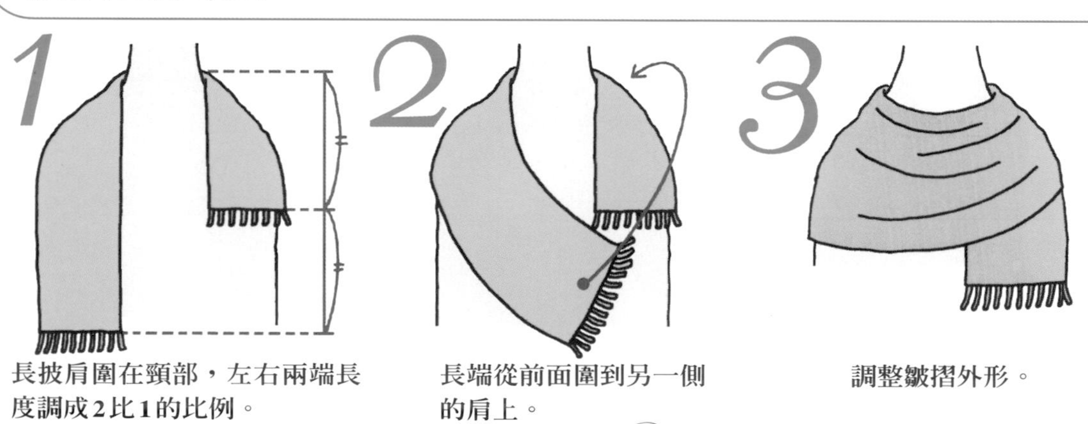

1. 長披肩圍在頸部，左右兩端長度調成2比1的比例。
2. 長端從前面圍到另一側的肩上。
3. 調整皺摺外形。

Point
披肩圍到肩上時，如果皺摺太多會顯得沉重，所以要將披肩的面調整得平一點。

速配的領口款式

小圓領

披上披肩後，無論看不看得到領口線條都無妨，如果是穿素面毛衣，也可以搭配有圖案的披肩。

70 × 190cm ・喀什米爾羊毛100%

高領

將披肩鬆鬆地披在肩上，讓高領露出來，這樣整體才能平衡，如果是薄材質的披肩，也可以多打一些皺摺。

45 × 180cm ・喀什米爾羊毛100%

有領外套

披肩鬆鬆地圍在肩上，調整皺摺稍微露出衣領，並配合整體服裝搭配高質感材質的披肩。

50 × 180cm ・喀什米爾羊毛100%

正面圍2層

非常寒冷時，建議你改換這種圍法。因爲圍好後披肩左右對稱而且沒什麼皺摺，看起來好似斗篷一般。

60 × 180cm ・毛98%尼龍2%

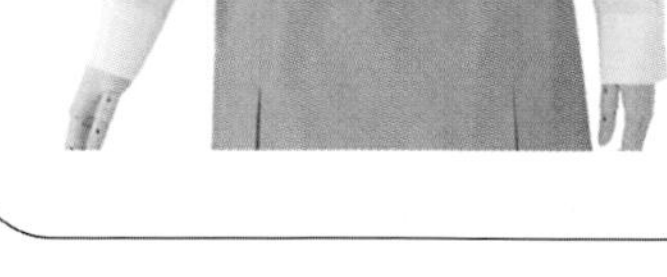

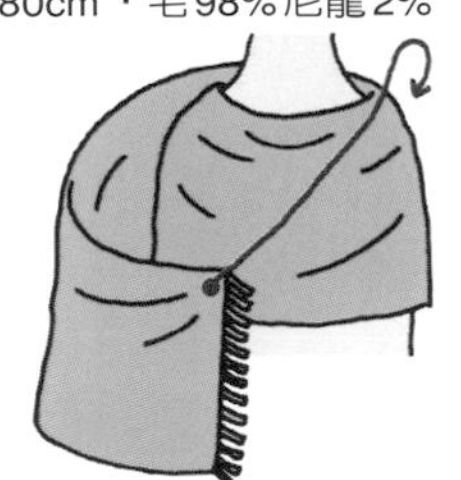

將披肩圍在肩上，左右兩端調成等長，先將一端拉至反側的肩上，另一端再拉到反側的肩上，讓披肩在正面圍2層。

運用有絨毛的披肩

因爲這種圍法十分簡單，所以也很適合搭配有特殊設計的披肩。圖中的披肩附有絨球，更具有裝飾效果。

50 × 190cm ・喀什米爾羊毛100%

八字捲結圍法

這種圍法在胸部會呈現許多的皺摺，雖然是運用簡單的平結，但因為圍法獨特，所以造型顯得十分複雜。選擇較輕薄的披肩才能打出漂亮的皺摺。披肩與其選用和上半身服裝類似的顏色，倒不如選擇能強化裝飾的顏色，會更醒目、出色。

前扣式羊毛衫

這條披肩上有細緻的人字斜紋織紋，使皺摺呈現豐富的層次感。
60×180cm・毛55%喀什米爾羊毛30%絲15%・人字斜紋毛料

披肩的圍法

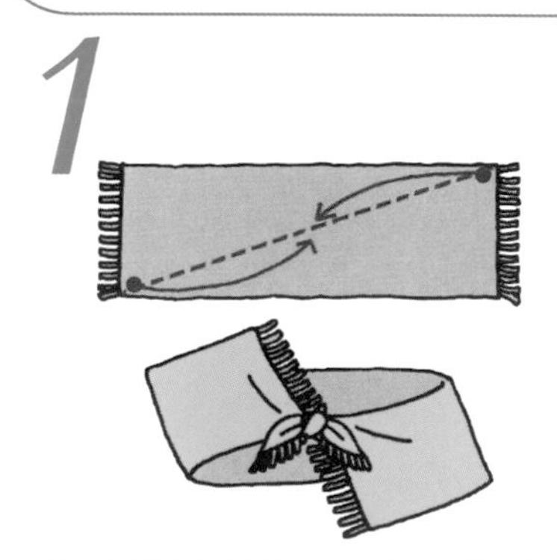

1 將1對對角線的邊角打成單結。

2 將披肩圈套在肩上，結眼移到前面。

3 將披肩扭成8字形，如同把結眼放到後面般，將扭好的披肩圈套到頸部。

速配的領口款式

小圓領
圍上披肩後，別讓領口的線條露在肩部，最好搭配領口小一點的圓領。
50 × 182cm・絲50%毛50%

襯衫領
豎起領子，將披肩圍在下面，爲了搭配披肩的V形線條，領口鈕釦最好解開，會顯得更瀟灑、出色。
70 × 190cm・經線絲100%緯線喀什米爾羊毛100%

有領外套
在外套裡圍上披肩，看起來就像裡面穿了件罩衫似的，如果要和裡面穿的高領搭配時，可以選同色系的披肩。
50 × 180cm・喀什米爾羊毛70%絲30%

4

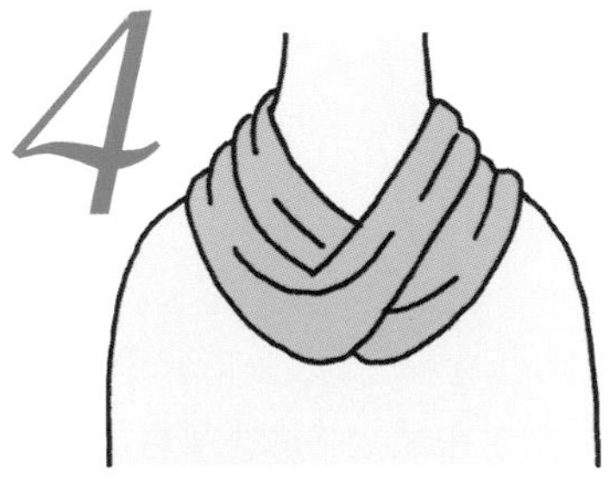

將結眼藏入內側，調整正面皺摺的外形。

Point
調整皺摺時，要將披肩邊端往內摺藏起來，整體看起來才美觀。

Sense Up

展現不同花色
如果使用漸層花色的披肩，就能呈現律動、輕鬆的層次感，形成更佳的裝飾效果。而且不同的圍法，展現的裝飾感也截然不同。例如利用不同的對角線打結，或是往反方向扭成8字形等，這些改變都能讓披肩展現不同的色彩。
60 × 180cm・喀什米爾羊毛70%絲30%

簡易交叉圍法

只用一條簡單的圍巾，就能提升整體服裝的質感。直接圍在頸部會顯得沉重，所以要訣是圍在外套領子下方，這樣看起來比較清爽。為避免顯得孩子氣，要挑選高質感的材質。

外套

這條圍巾上的格紋圖案及喀什米爾羊毛材質，都適合搭配較成熟的穿著。

20 × 145cm · 喀什米爾羊毛100%

圍巾的圍法

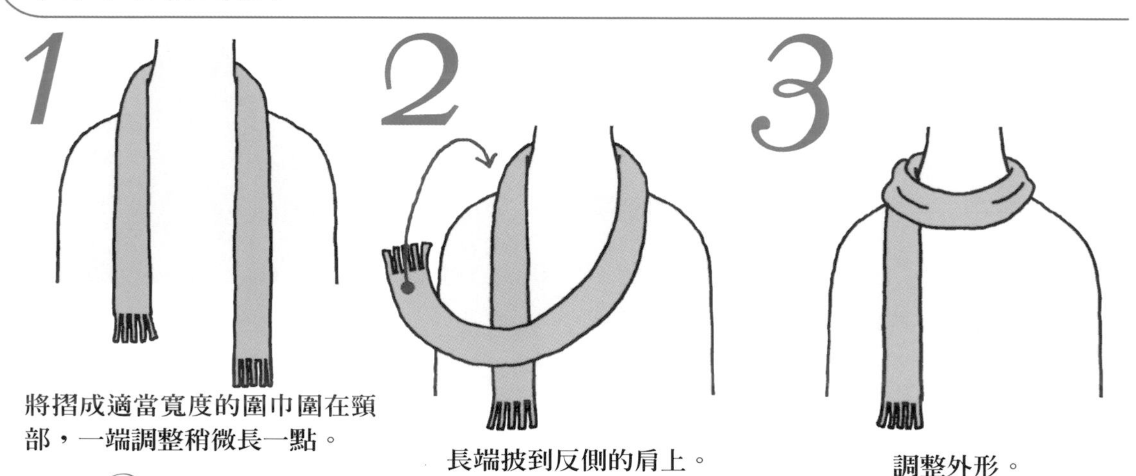

1 將摺成適當寬度的圍巾圍在頸部，一端調整稍微長一點。

Point
圍巾摺的時候將想呈現的圖案置於表面。

2 長端披到反側的肩上。

3 調整外形。

速配的領口款式

小圓領

選擇材質較有分量的圍巾，來搭配單純的領口線條，能加強服裝的裝飾效果。

24 × 170cm・喀什米爾羊毛100%

V字領

圍巾特地選擇能搭配V領線條的菱形圖案，材質則選用不會太厚重的。

25 × 170cm・喀什米爾羊毛100%

高領

如果是緊貼頸部的高領衫，適合搭配較短的圍巾，將它鬆鬆地圍在頸部，同時還看得見高領。

20 × 140cm・人造絲35% 毛29% 尼龍20% 喀什米爾羊毛8% 安哥拉羊毛8%

在頸部圍2圈

想讓頸部更暖和，或是想使垂下的圍巾變短時，都可以變換這種圍法。

20 × 160cm・毛62% 壓克力棉35% 尼龍3%

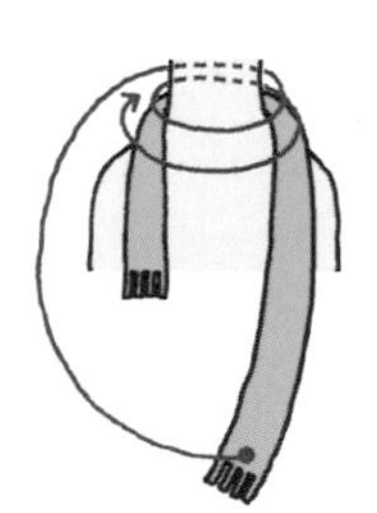

圍巾圍到頸部，一端調長一些，將長端繞頸部2圈後，讓它自然垂在後面。

組合2條圍巾

能隨意搭配任何服裝的素面圍巾，手邊若備有幾種不同的顏色，要用時就很方便。如果是採用這種簡單的圍法，2條一起搭配使用也非常別緻。

粉紅色：36 × 160cm・壓克力棉100% 褐色：30×180 cm・喀什米爾羊毛100%

單結圍法

這種圍法的特色是正面結眼顯得很有分量，給人一種活力充沛的感覺。簡單的針織衫配上多種色彩、粗花呢質感的圍巾，立刻成爲裝飾重點。結眼的鬆緊度不要太緊或太鬆，可搭配服裝調整成適當的造型。

針織衫

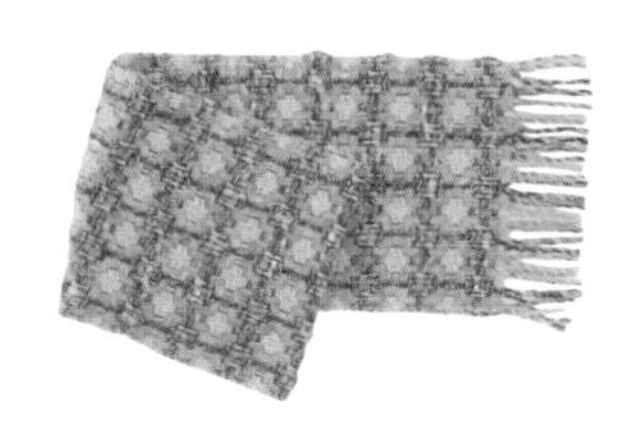

這條圍巾色彩豐富，能廣泛搭配各式服裝，非常方便實用。
25×160cm・羊毛66%壓克力棉24%尼龍5%特多龍5%

圍巾的圍法

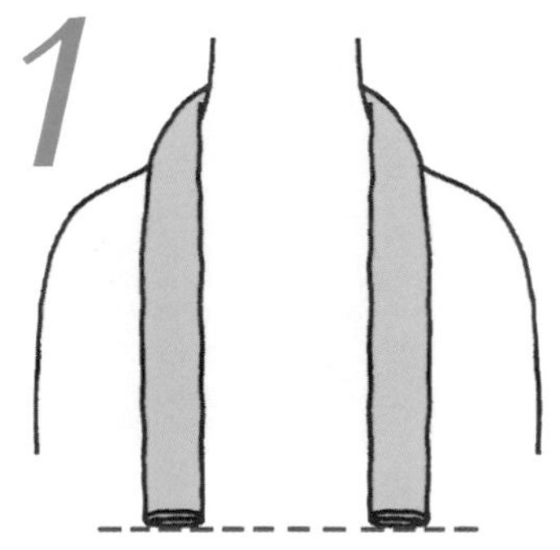

1 將圍巾摺成適當的寬度後圍在頸部，左右兩端調成相同的長度。

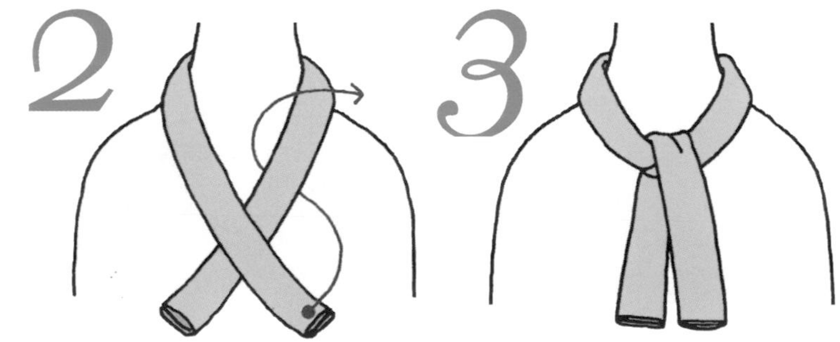

2 在正面打個單結。

3 調整外形。

Point

圍巾如果綁得太緊，臉部附近會顯得較沉重，整體會失去平衡，所以結眼只要鬆鬆地適度繫綁就行了。

速配的領口款式

襯衫領

厚重質感的服裝，搭配上材質輕薄的圍巾，整體才能取得平衡。

28 × 140cm ・喀什米爾羊毛100%

有領外套

豎起領子，將圍巾圍在下面，選擇素面等設計單純的圍巾，顯得十分瀟灑、別緻。

28 × 170cm ・毛72% 安哥拉羊毛8% 尼龍17% 人造絲2% 特多龍2%

無領外套

選擇和外套材質感近似的圍巾來搭配無領外套。外套造型較柔美時，建議使用色調柔和的格紋圖案圍巾。

36 × 180cm ・毛100%

纏繞結眼2圈

圍巾前端有特殊的裝飾時，如果將兩端再纏繞結眼一次讓它變短，就能靠近臉部強化裝飾效果。圖中是使用前端縫綴有藍色串珠的圍巾。

60 × 180cm ・喀什米爾羊毛50% 毛50%

兩端垂在前後面

想展示上衣正面的設計時，可以將圍巾的結眼移到側邊，讓兩端垂在前後面。如果是有領外套，可以豎起領子讓圍巾圍在下面，然後在正面整理出鬆緩的皺摺，看起來十分典雅、優美。

65 × 110cm ・經線絲100% 緯線喀什米爾羊毛100%

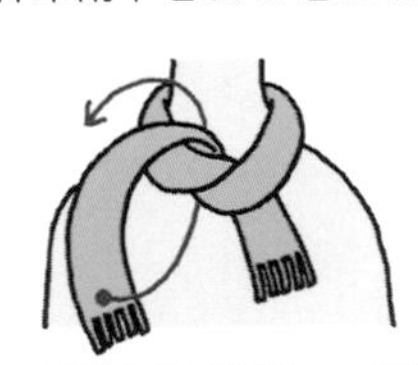

圍巾圍在頸部，一端調得長一點，長端由下往上穿出和短端交差打個單結，然後再纏繞結眼一次就行了。

雙層捲結圍法

這種圍法圍巾的兩端都會垂在胸前，所以前端如果有圖案設計的話，圍起來更有效果。因爲造型簡單，所以配合服裝色調就能享受裝飾之樂。柔和的粉紅色搭配白色，顯得十分亮眼、出色。

針織衫

這條圍巾的前端設計有閃閃發亮的假鑽，簡單地圍在頸部，就能展現無限風情。

20 × 140cm‧
毛70% 安哥拉羊毛20% 尼龍10%

圍巾的圍法

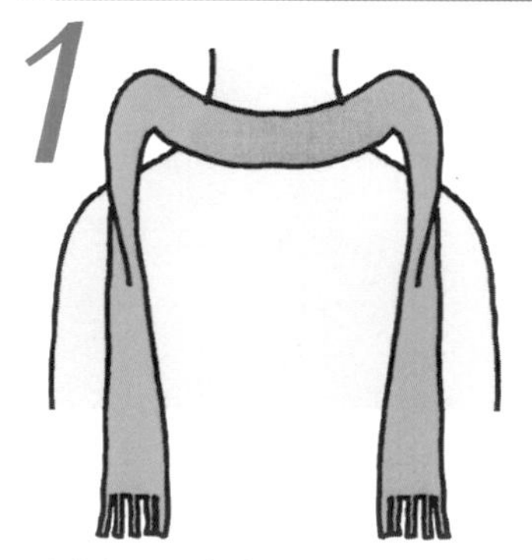

1 圍巾摺成適當的寬度，將中央圍在頸部的正面。

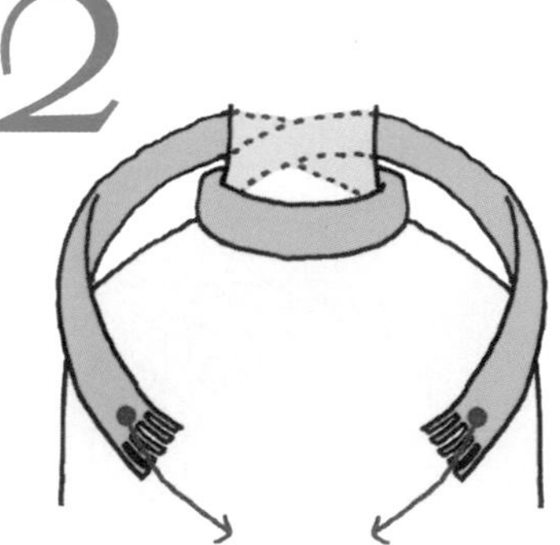

2 兩端拉到後面交叉後，再拉回正面讓它垂下。

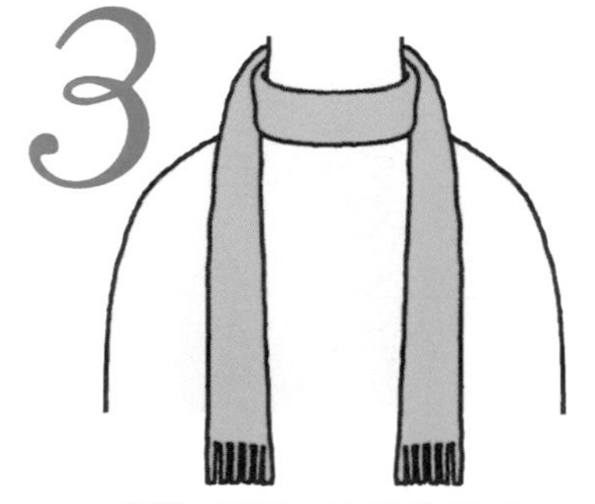

3 調整頸部及前端的外形。

Point

最後調整外形時，要將圍頸部的圍巾調得鬆緩一些，以免看起來太沉重，而且也可以避免厚圍巾顯得太厚重、突出。

速配的領口款式

小圓領

圍巾前端長長地垂在前面，顯得十分隨性、瀟灑，前端橫條圖案突顯出圍巾外形，更具有裝飾效果。23X180cm・壓克力棉70% 毛30%

高領

選擇輕薄材質的圍巾，頸部周邊給人十分清爽的感覺，鬆鬆地圍著，讓高領能夠稍微露出來。

19 × 160cm ・壓克力棉100%

有領外套

這種圍法能使外套看起來像便服般輕鬆、休閒，圍巾最好也選擇休閒感十足的款式。

13 × 160cm ・壓克力棉42% 毛海呢30% 尼龍28%

以別針固定

將垂在胸前的圍巾重疊，然後以別針固定，能呈現較慎重、正式的感覺。

16 × 120cm ・喀什米爾羊毛100%／別針

使用長圍巾

長圍巾也很適合用這種圍法，它可以搭配迷你裙＋長統靴，或是褲裝等造型，上衣則適合搭配質感不會太沉重的衣服。

12 × 190cm ・羊駝呢50% 壓克力棉50%

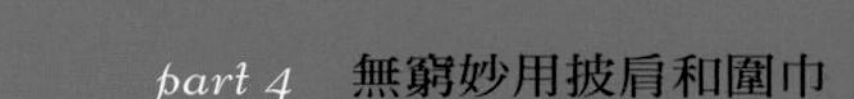

雙層側結圍法

不論是日常便服或上班服都很適用這種圍法，它的特色是造型簡潔，所以方便搭配各式服裝，如果配上合身的外套，會顯得十分俏麗、可愛。

外套

想要靈活搭配各色服裝，這條素面圍巾非常值得擁有。
30 × 180cm・喀什米爾羊毛100%

圍巾的圍法

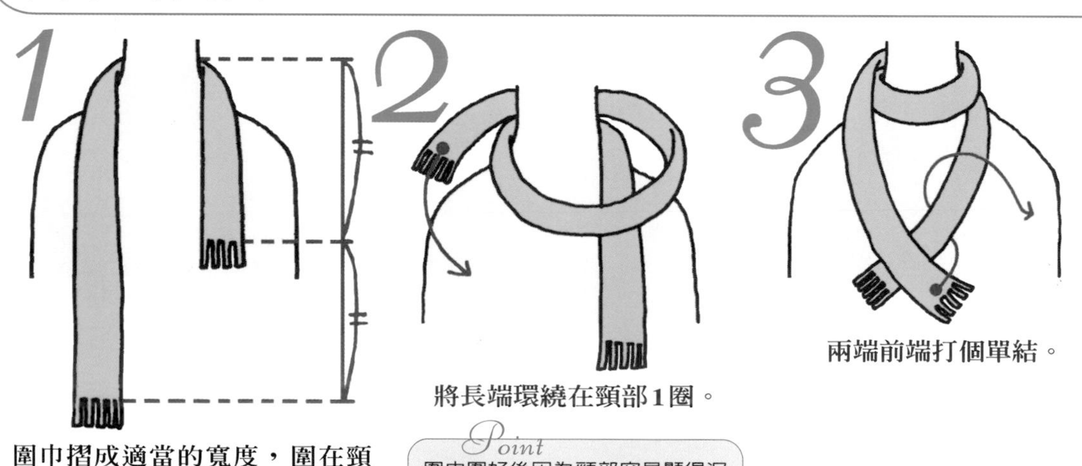

1 圍巾摺成適當的寬度，圍在頸部後，兩端長度調成2比1的比例。

2 將長端環繞在頸部1圈。

Point
圍巾圍好後因為頸部容易顯得沉重，所以請一面調整圍巾厚度，一面小心地圍。

3 兩端前端打個單結。

速配的領口款式

小圓領

這種圍法很適合搭配休閒便服，單色格紋圖案的圍巾，使整體服裝額外呈現一種成熟美。

30 × 160cm・喀什米爾羊毛100%

V字領

圍巾圍好後讓V領線條能夠露出來，如果是搭配淺V領，也可以沿著領口線條鬆鬆地圍上。

30 × 180cm・喀什米爾羊毛100%

高領

高領可以運用短圍巾，貼近頸部圍上，這樣整體才能維持平衡。

30 × 160cm・喀什米爾羊毛100%

4

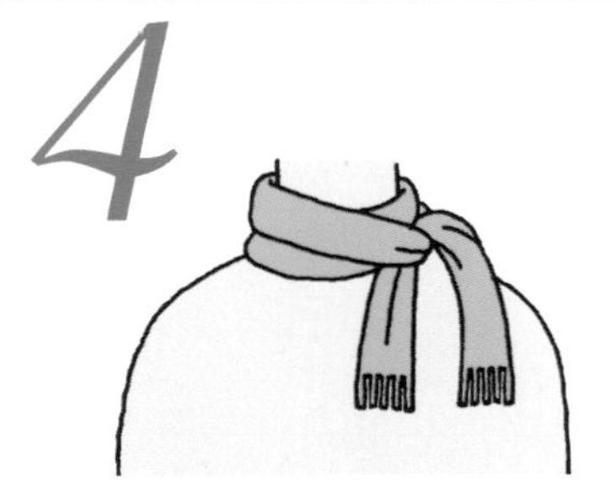

結眼移到喜歡的位置。

以胸針固定

這種圍法最後可以不打結固定，而以胸針固定交叉部分，也很別緻、漂亮。配合圍巾的質感，選擇能強化裝飾的胸針，也很適合搭配大型的胸針。

30 × 180cm・喀什米爾羊毛100%／胸針

單圈結圍法

這是外形好整理的簡單圍法，建議圍巾前端別留太長，貼近頸部一點，這樣看起來顯得較有活力。它可以放在針織衫的外側或內側，有許多搭配方式，不過要避免使用材質太厚重的圍巾。

針織衫

這條同色系粗條紋圍巾，呈現十分柔和的質感，它也適合搭配比較浪漫的休閒造型。

30 × 160cm · 喀什米爾羊毛100%

圍巾的圍法

1

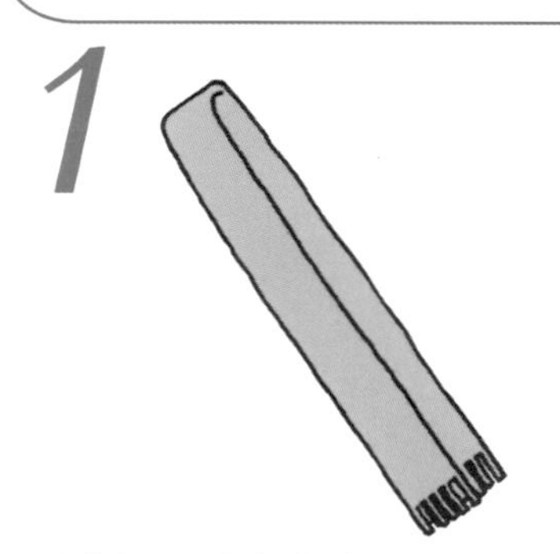

圍巾摺成適當寬度，再將長度對摺一半。

2

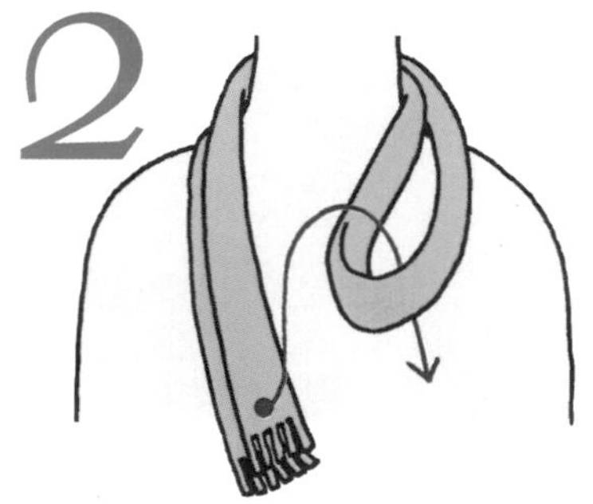

圍巾圍在頸部，前端穿過圈環。

3

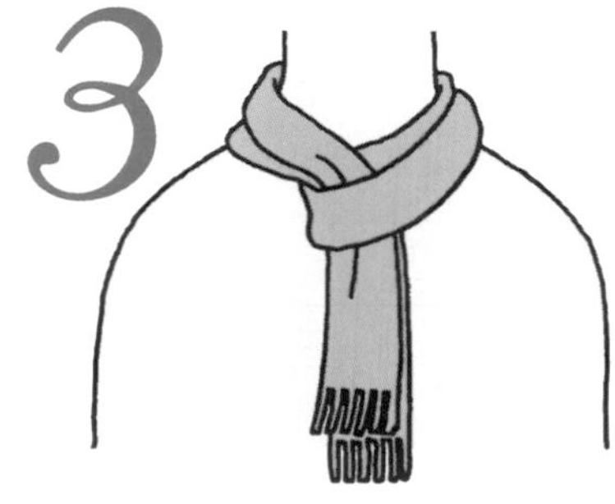

調整外形。

Point

圍巾前端如果拉得太緊，外觀就會變形，所以邊調整外形時，要邊固定住圈環部分。

速配的領口款式

V字領

圍巾的線條和領口相同，所以搭配起來非常自然，另外也很適合搭配深V字領的羊毛上衣。

30 × 160cm．喀什米爾羊毛100%

高領

圍巾圍好後將皺摺整平，這樣頸部看起來比較清爽，不過要避免搭配寬鬆的高翻領衣服。

30 × 180cm．喀什米爾羊毛98%尼龍2%

有領外套

圍巾摺窄後，緊密地圍在頸部，最好是用圖案較細緻的圍巾。

30 × 160cm．喀什米爾羊毛100%

圍巾扭轉後再圍

這種圍法能突顯扭轉的線條，造型十分輕鬆、俏皮。不同的扭轉程度，還能呈現不同的風情。

50 × 182cm．喀什米爾羊毛100%

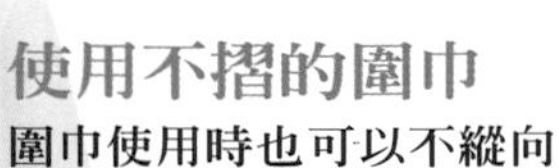

使用不摺的圍巾

圍巾使用時也可以不縱向摺，而只將長度對摺。自然層疊的皺摺，呈現華麗的質感，這種圍法較適合用材質較薄的素面圍巾。

30 × 180cm．喀什米爾羊毛100%

決定圍巾的寬度後，手持圍巾兩端將它扭轉，然後對摺就能形成圈環。

雙十字結圍法

這種圍法在頸部會呈現複雜的線條，特點是非常暖和，且不易變形。雖然圍法有點難，但它卻能爲單調的冬裝增添華麗感。圍巾如果材質太厚會很難打結，但是太薄的又顯得不夠分量，這點挑選圍巾時要特別留意。

這條多層次條紋的圍巾，很適合搭配造型不會太複雜的日常便服。
25 × 170cm・喀什米爾羊毛100%

圍巾的圍法

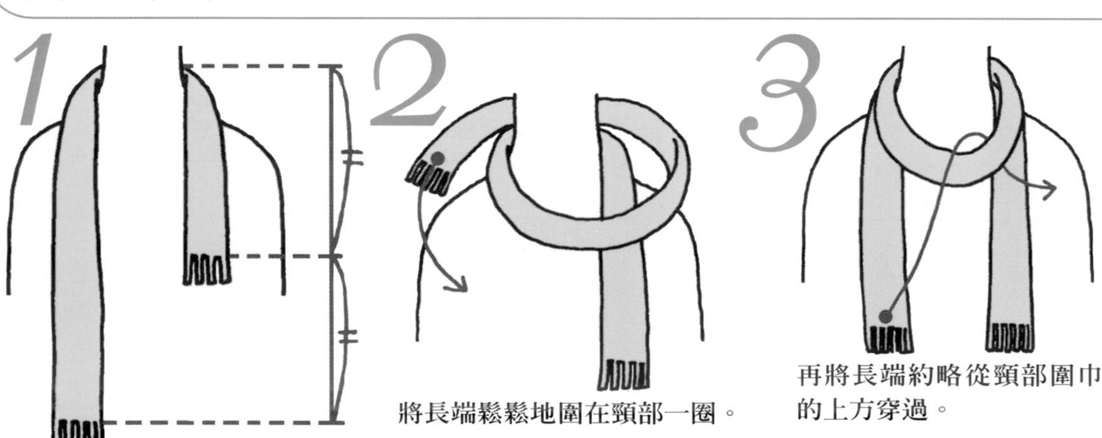

1 圍巾摺成適當的寬度，圍在頸部後，兩端長度調成2比1的比例。

2 將長端鬆鬆地圍在頸部一圈。

3 再將長端約略從頸部圍巾的上方穿過。

Point
因為在隨後的步驟裡，圍巾前端會再穿過第2、3步驟圍好的部分，所以訣竅是先圍鬆一點，完成時結形才漂亮。

速配的領口款式

小圓領

這種圍法很適合搭配古典風格的簡單線衫，如果是素面圍巾，也可以搭配菱形或條紋圖案的針織衫。

30 × 180cm・喀什米爾羊毛100%

V字領

圍巾緊貼頸部繫好，能夠呈現俐落的感覺。

30 × 160cm・喀什米爾羊毛100%

高領

如果搭配薄的針織衫就要圍緊一點，若是厚的則要圍鬆一點，這樣整體才能保持平衡。

36 × 160cm・壓克力棉100%

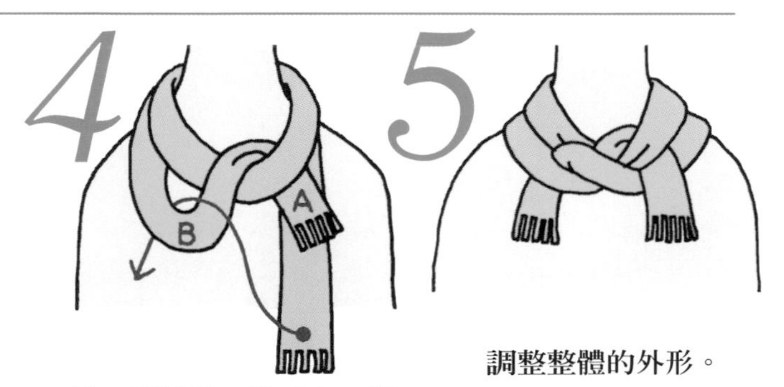

4 另一端繞過A的下方，從B的上方穿入。

5 調整整體的外形。

稍微改變最後的圍法

仔細地圍上圍巾，別弄亂摺好的寬度，這種圍法能減少皺摺數，使整體呈現瀟灑又時髦的感覺。

31 × 156cm・喀什米爾羊毛100%

在步驟4中，將長端穿過A的上方，再從B的下方穿入，然後讓它垂在背後。

領巾的時髦用法

領巾除了圍在頸部外，還有多種用法。
它可以綁在頭上、帽子上，用來裝飾背包，也可以代替腰帶繫在腰間等。
除了下列介紹的用法外，還能綁在手腕或頭髮上，不妨試著多方嘗試。
現在我們就來活用領巾，展現它多彩多姿的裝飾之美吧！

改變帽子線條

將領巾綁在帽沿上，具有休閒感的帽子立刻展現柔美的氣氛。如果使用細長的領巾，整體看來十分輕爽，如果是用正方形領巾則要先斜摺再綁上，顏色最好選擇和衣服其中的1色是同色系的色彩。

15 × 180cm・～100%・緞質雙縐紗／帽子／針織衫

綁法

1 領巾摺3摺（請參照P.15）後圍在帽子上，如果是領巾太長可圍2圈。

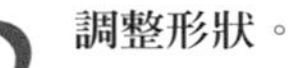

2 在帽子側面打個平結。

3 調整形狀。

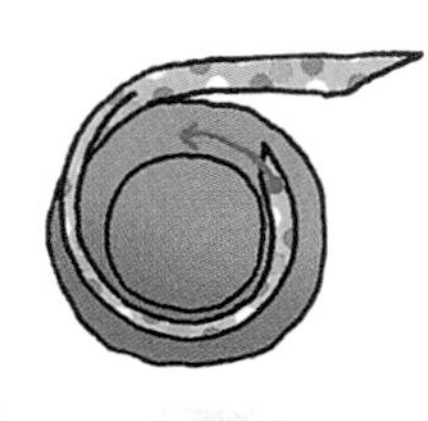

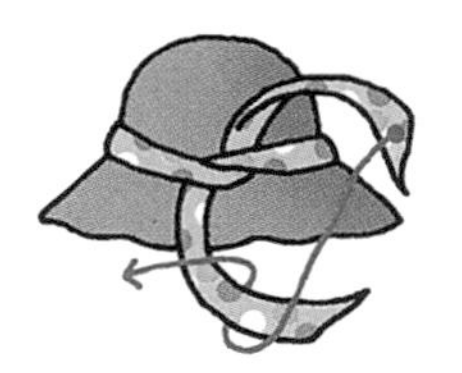

裝飾背包

外形牢固的背包上，綁條領巾加強裝飾後，立刻呈現優雅的風格。小背包適合搭配小一點的結飾，而大背包則要運用較有分量的綁法，這樣才能保持平衡。領巾其中1色要和背包的顏色是相同色系，整體才有和諧感。

53 × 53cm・絲100%・斜紋布／背包／針織衫／領巾

綁法

1 領巾先斜摺（請參照P.14）後，綁在背包提把的根部，前端交叉打個單結。

2 調整外形。使用大領巾時，也可以綁蝴蝶結。

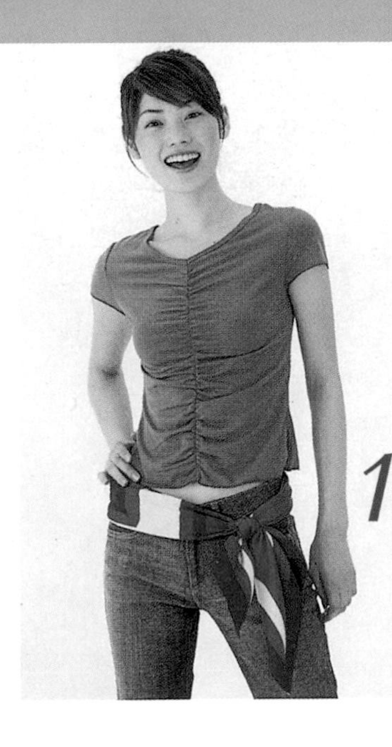

作為腰飾帶

這種用法比腰帶看起來更柔美，比腰鍊更具有裝飾的效果。用來搭配普通便服，更添一份女性美，選擇有彈性的大領巾或長領巾，以突顯腰飾的分量感，並挑選能成爲焦點的顏色，裝飾起來會更出色、亮眼。

綁法

1 領巾斜摺（請參照P.14）後，綁在褲腰位置上。

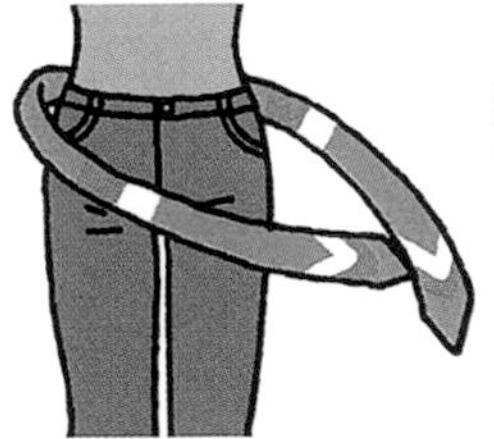

2 在斜前方打上單結。

3 調整外形。

造型頭巾

這是使用領巾裹住頭髮，造型如同60～70年代的女星一般，它最好搭配簡單的服裝以強調裝飾，選擇花色鮮麗的領巾會顯得比較高雅。綁的時候也可以蓋住一半的額頭。

88 × 88cm ・絲100%・斜紋布／針織衫

綁法

1 領巾摺成三角形（請參照P.14）後，蓋在頭上，鬢角邊先用髮夾暫時固定。

2 前端在兩邊一面分別向內扭轉，一面在頭髮下面交叉。

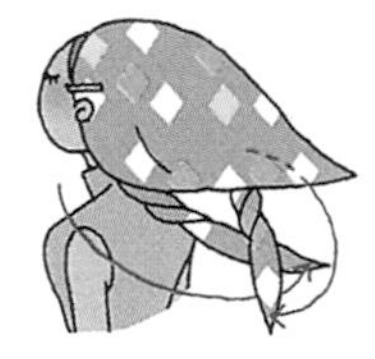

3 將兩端如同蓋在領巾的三角部分上，再打單結。

4 綁成蝴蝶結。

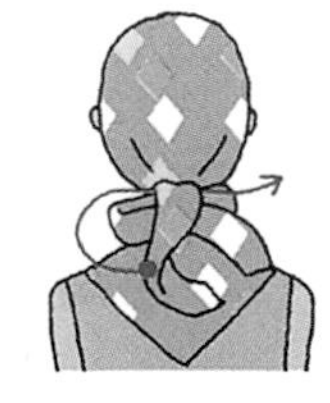

5 調整外形，取下髮夾。

小專欄
column

旅行時領巾也超級實用

旅行時只想攜帶輕便的行李，領巾就是方便實用必備的用品。
它不但輕巧不占空間，只要有一條隨時都能派上用途。
不妨在行李中準備1～2條，享受旅程中的裝飾之樂吧！

搭乘時用來禦寒

搭乘電車或飛機時間若太長，常令人覺得寒冷，尤其是比較怕冷的女性，往往感到吃不消，這時只要拿條領巾圍在頸部，就能有效禦寒保暖，或者也可以用大的長領巾蓋在肩膀或腳上，它比羊毛上衣還輕便實用。

遮掩污漬

用餐時不慎弄髒了衣服，即使先簡單清除污物，但衣服上還是會留下污漬，這時只要將領巾攤開來運用，就能有效遮掩污漬。

作為各種裝飾

如果只是一天一夜的旅行，只需帶一天份的換洗衣物就夠了，但若是1週以上的時間，就得輪流換穿手邊僅有的衣物。這時可以多帶1～2條領巾，雖然是穿相同的衣服，但1條領巾就能改變整體造型。不論是去高級餐廳，或是讓簡單的連身裙變成優雅的宴會裝時，都非常方便實用。另外也可以包在頭上或綁在背包上，讓你旅途中愉快享受裝飾之樂。

各式領口的結飾索引

依據自己的上衣領口款式，
先在本單元找到適合的領巾打法。
再翻開喜愛結飾的說明頁，
輕鬆完成服裝的裝飾吧！

小圓領

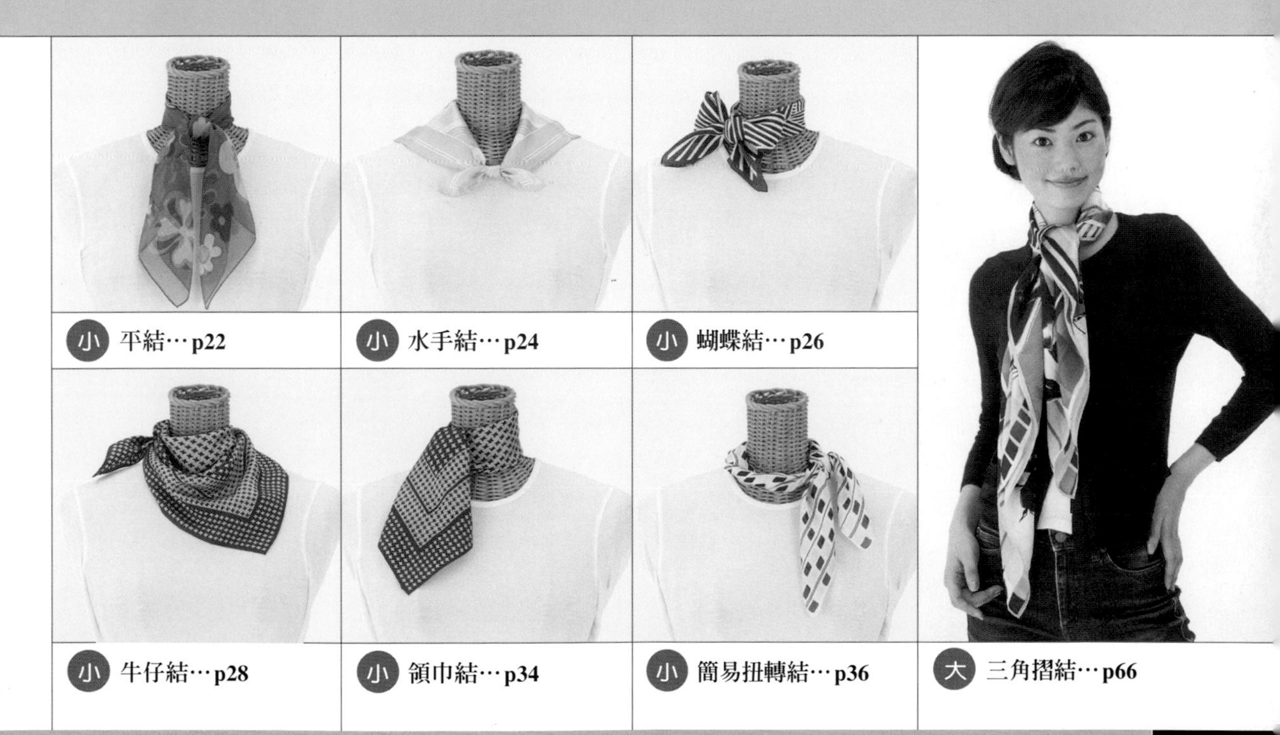

小圓領

大圓領・方領

小 簡易扭轉結…p36

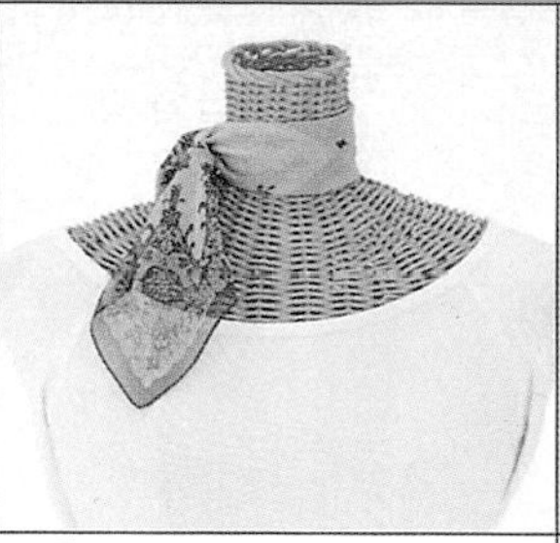

小 平結…p22

小 蝴蝶結…p26

小 圈式單蝶結…p32

小 小型丑角結…p40

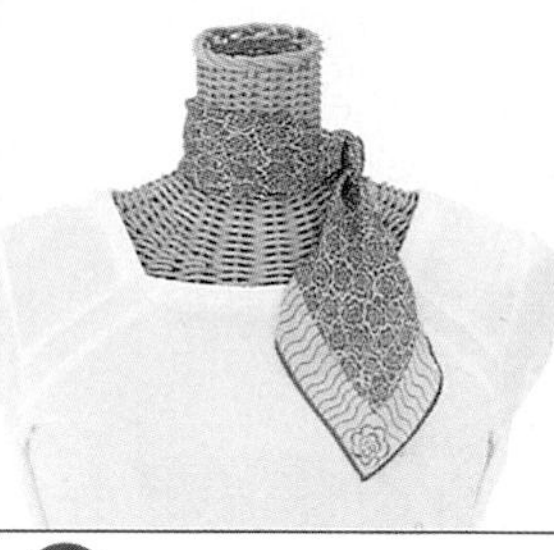

小 圈結…p38

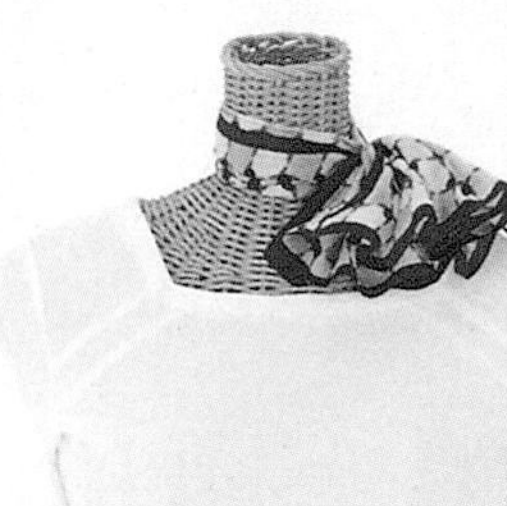

小 小型丑角結…p40

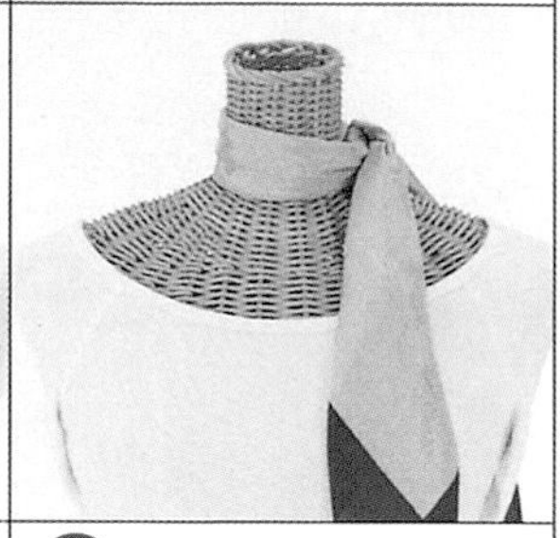

大 平結…p48

大 領帶結…p50

大 單蝶結…p60

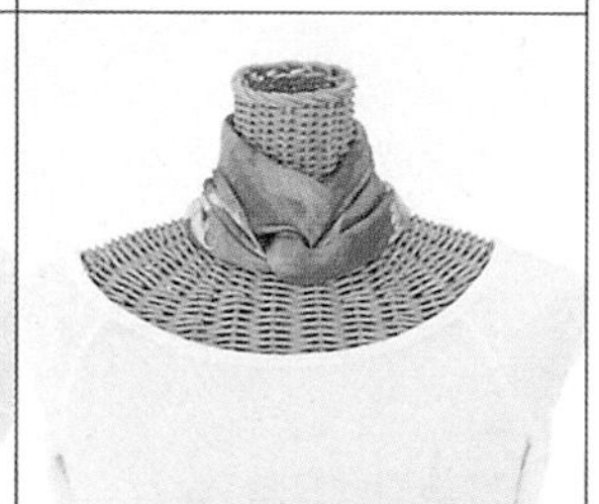

大 摺鍊結…p72

大 蝴蝶結…p46

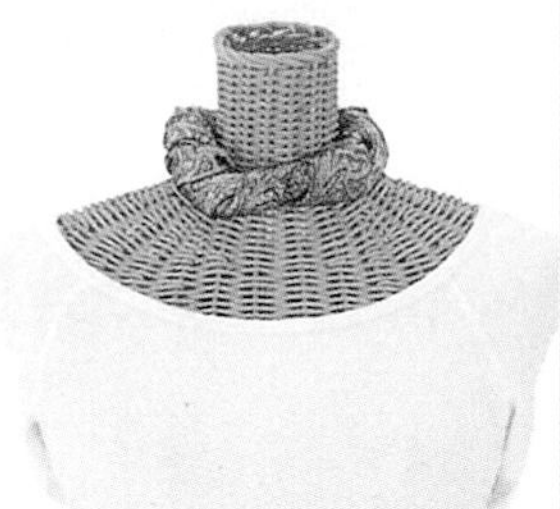

大 頸圈結…p62

大 玫瑰結…p78

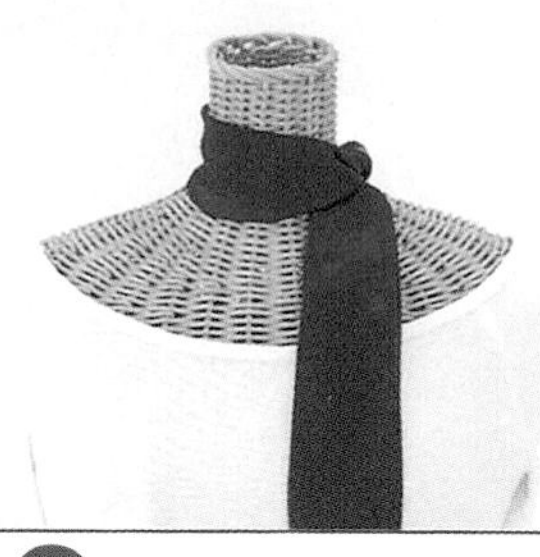

長 單結…p86

V字領

大 魚尾結…p76

長 百摺蝴蝶結…p90

長 仙女結…p92

長 扭轉圈結…p88

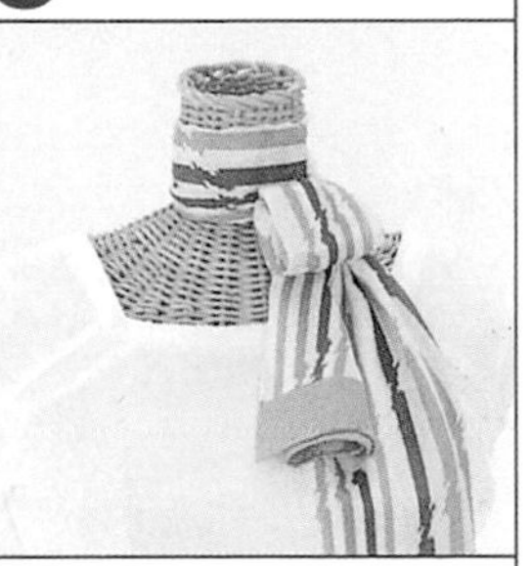

長 仙女結…p92

長 扭轉領帶結…p94

小 圈結…p38

大 平結…p48

大 捲繞結…p68

V字領

大 雙層圈結…p70

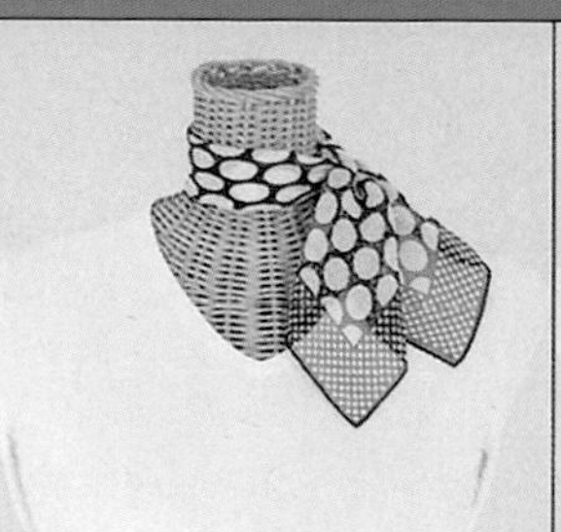

小 平結…p22

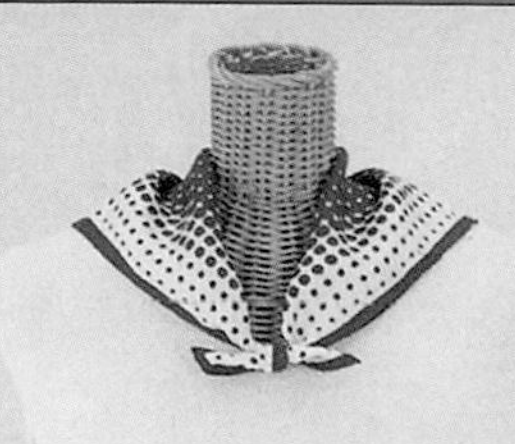

小 水手結…p24

小 蝴蝶結…p26

長 單結…p86

小 圈式單蝶結…p32

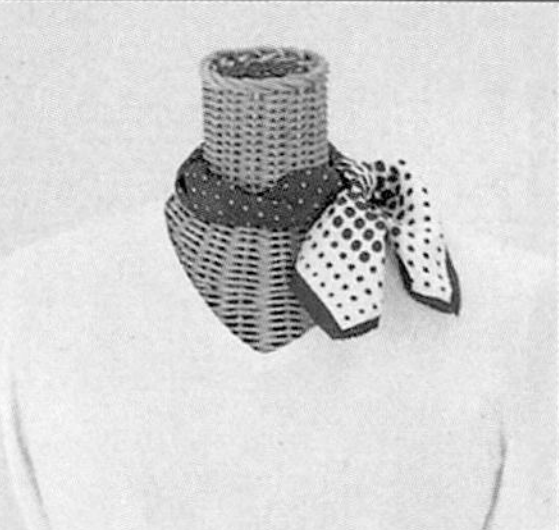

小 簡易扭轉結…p36

大 蝴蝶結…p46

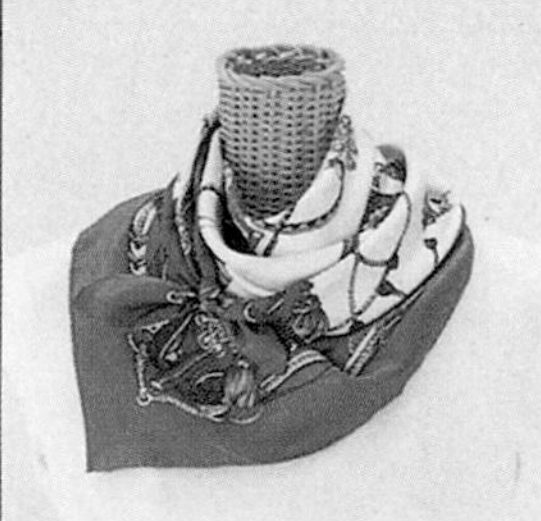

大 前繫式牛仔結…p52

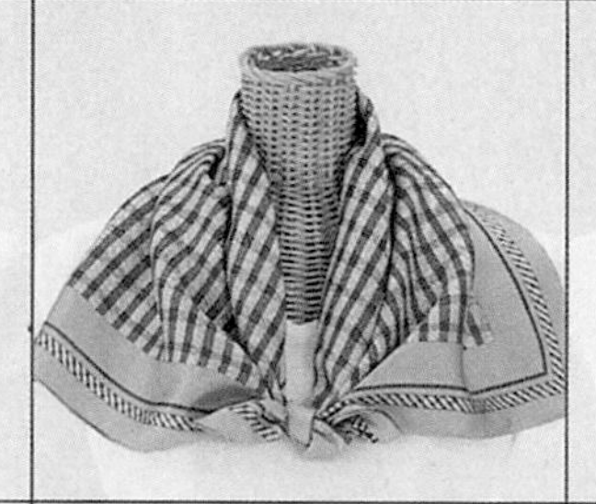

大 彼得潘結…p56

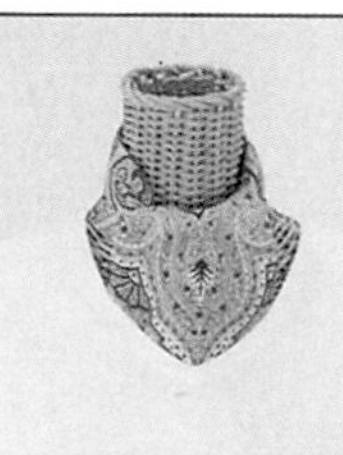

大 領巾結…p58

長 扭轉圈結…p88

大 單蝶結…p60

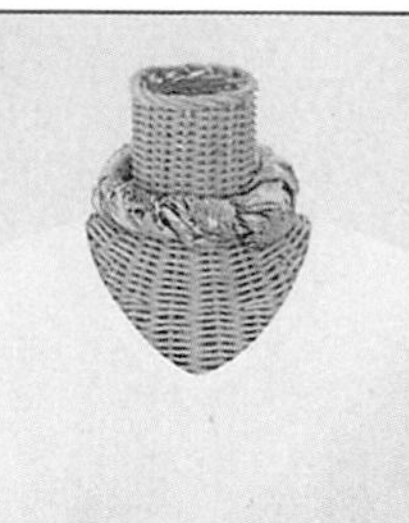

大 頸圈結…p62

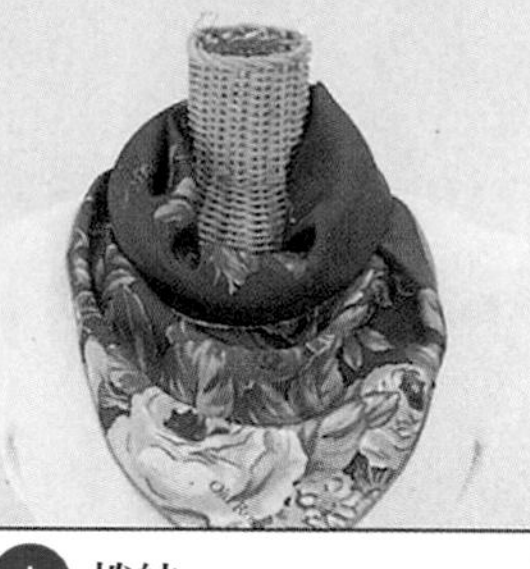

大 捲結…p64

高領

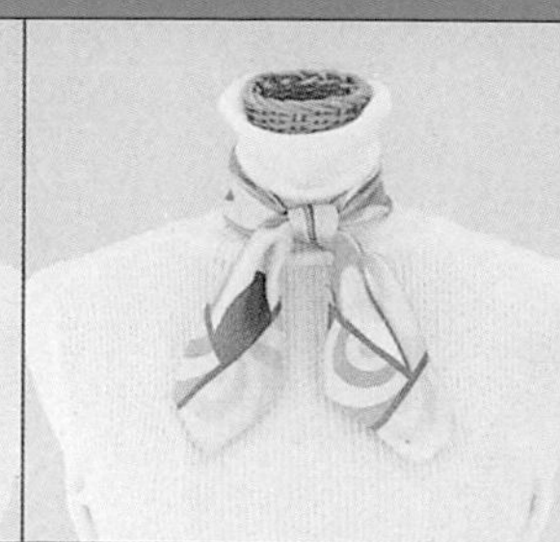

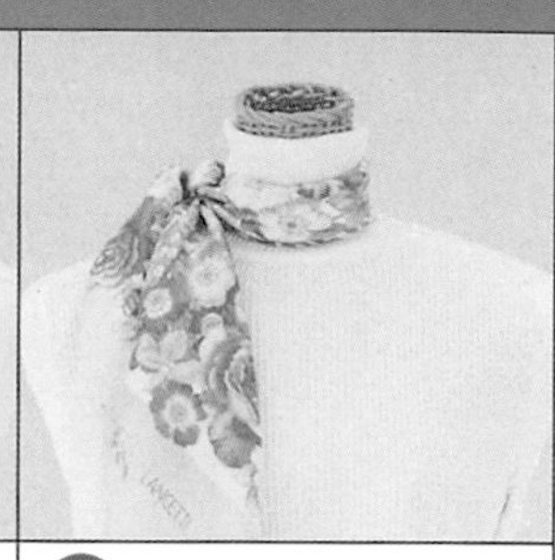

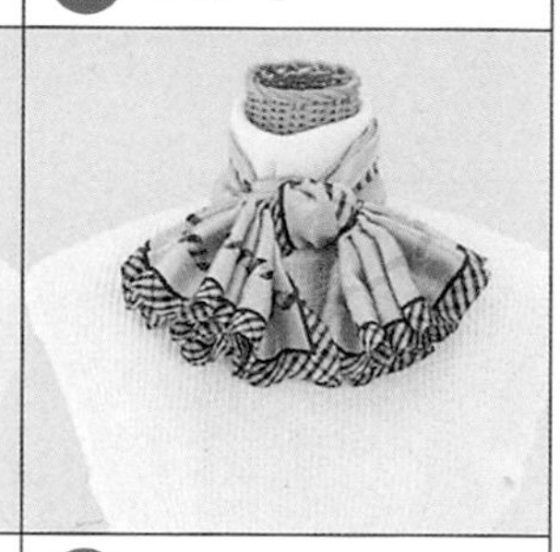

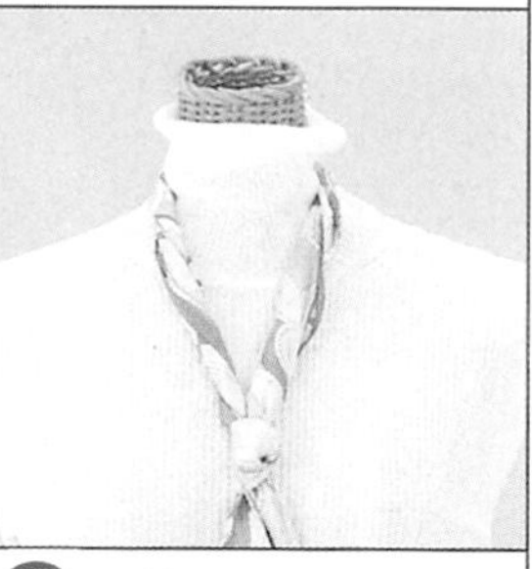

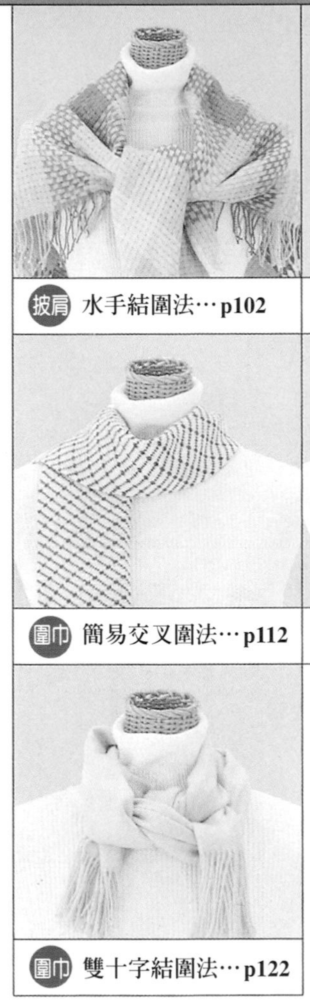

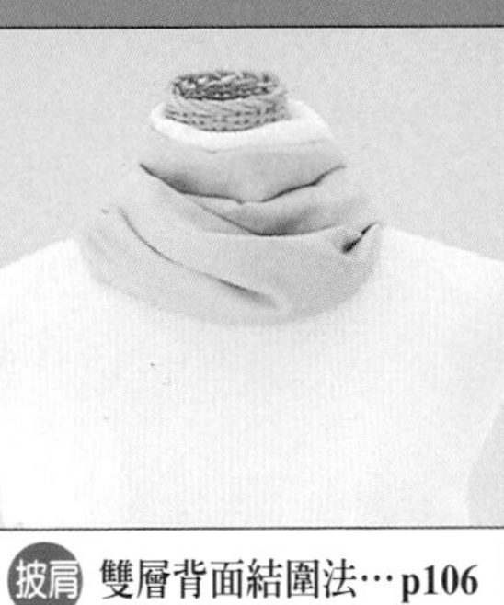

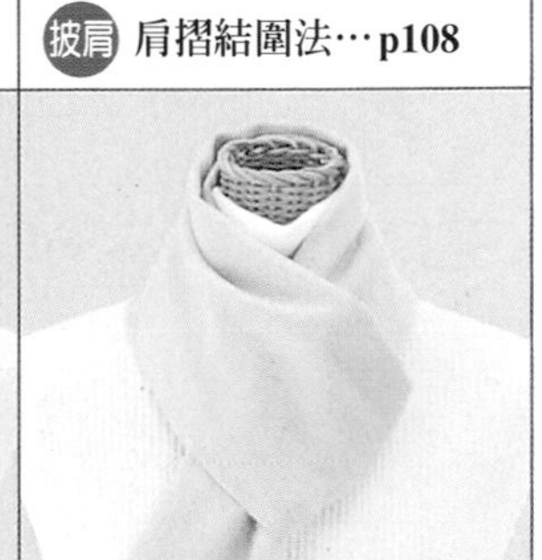

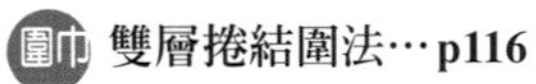

襯衫領

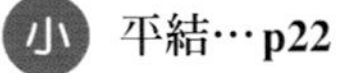

襯衫領

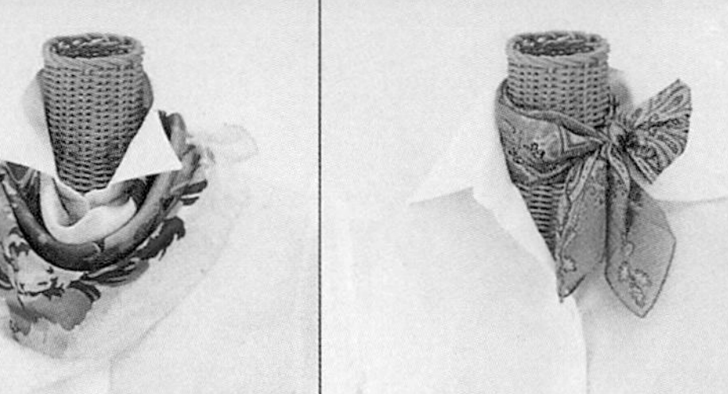

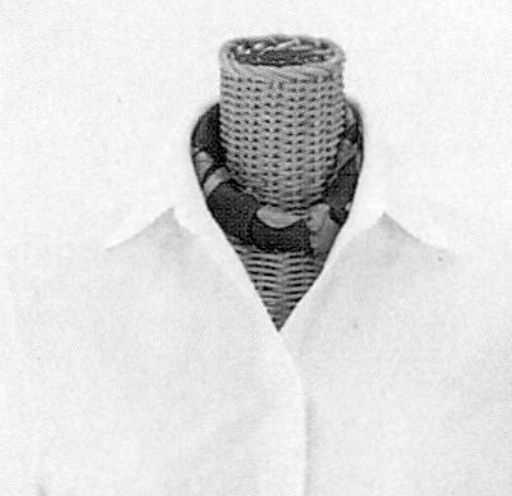

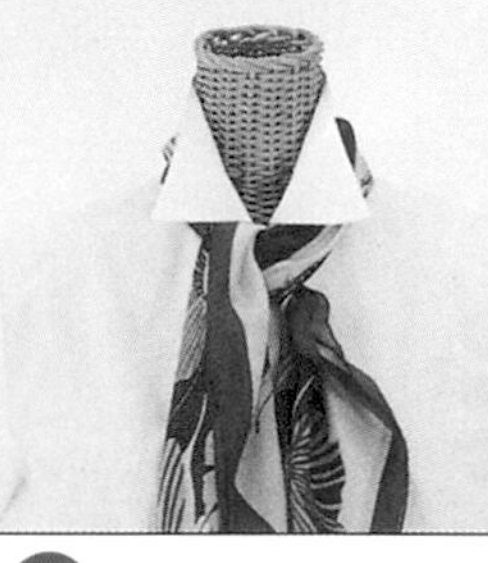

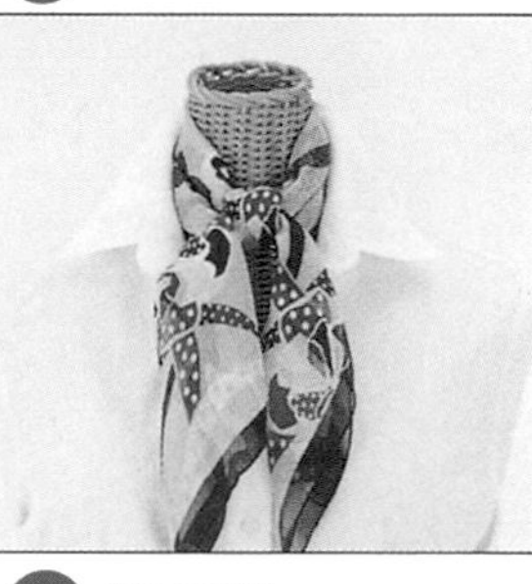

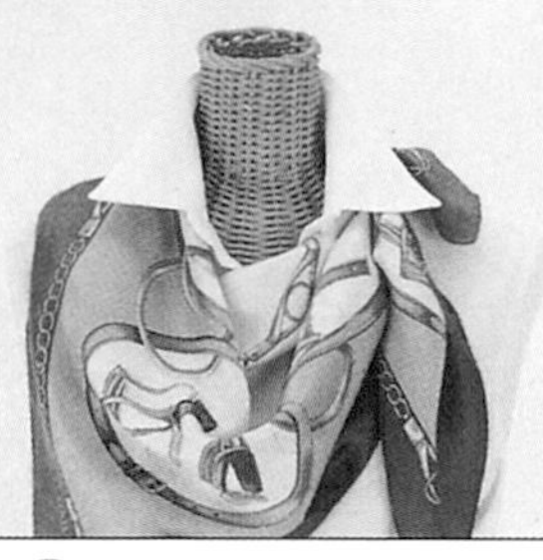

有領外套（西裝外套）

大 捲結… p64

大 三角圈結… p74

長 扭轉領帶結… p94

長 扭轉圈結… p88

長 雙層捲結… p96

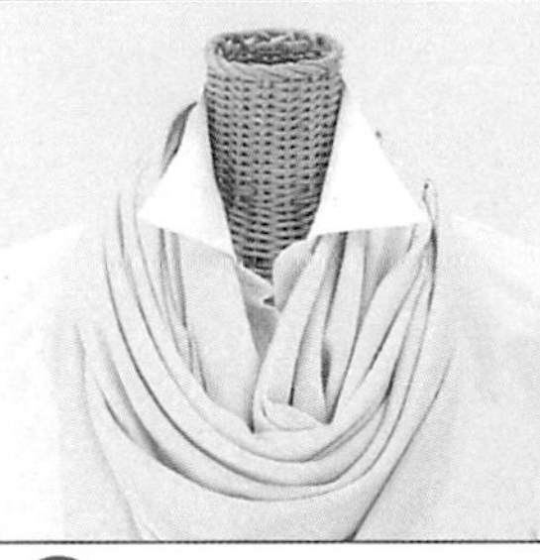

披肩 八字捲結圍法… p110

圍巾 單結圍法… p114

大 單蝶結… p60

披肩 雙層背面結圍法… p106

披肩 肩摺結圍法… p108

有領外套（西裝外套）

圍巾 簡易交叉圍法…p112

圍巾 雙層側結圍法…p118

圍巾 雙十字結圍法…p122

小 牛仔結…p28

小 領巾結…p34

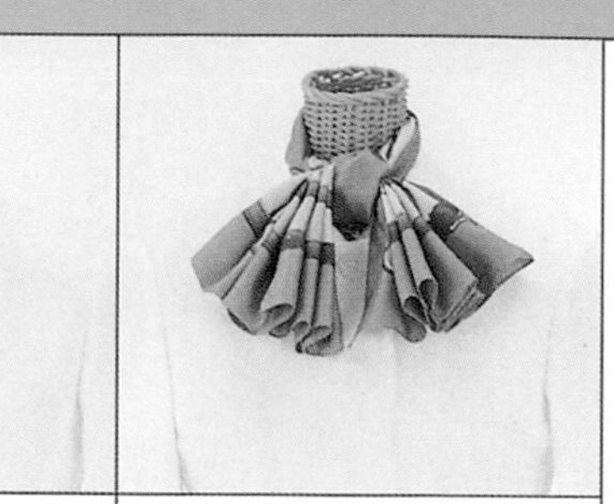

大 丑角結…p54

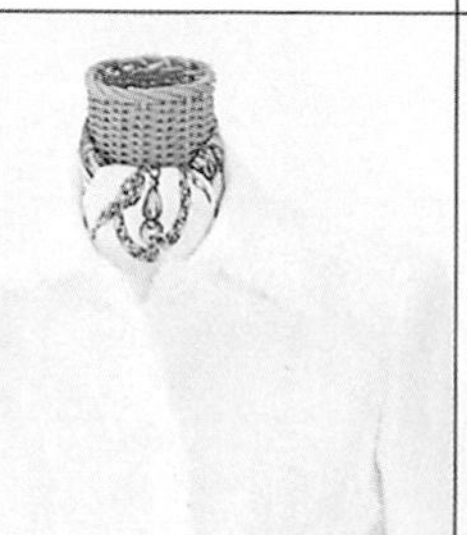

大 領巾結…p58

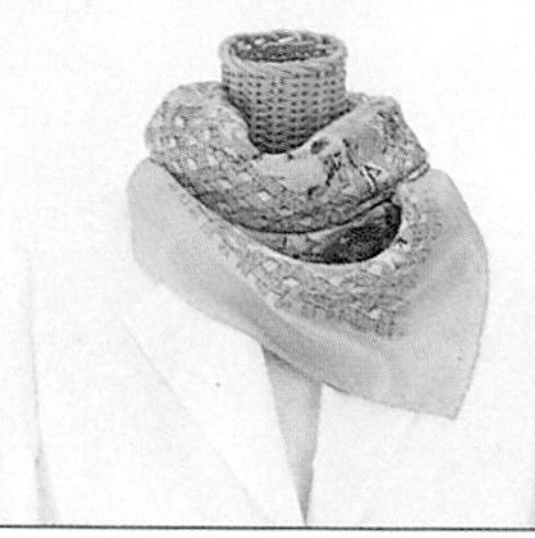

大 捲結…p64

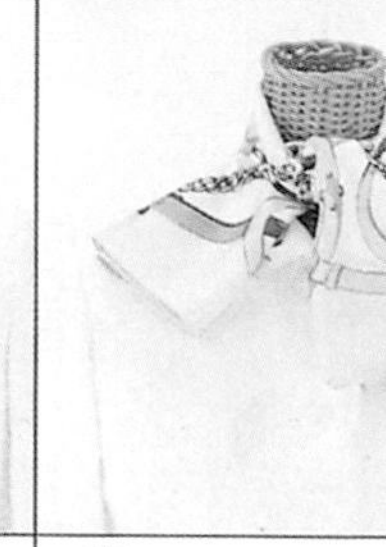

大 捲繞結…p68

大 雙層圈結…p70

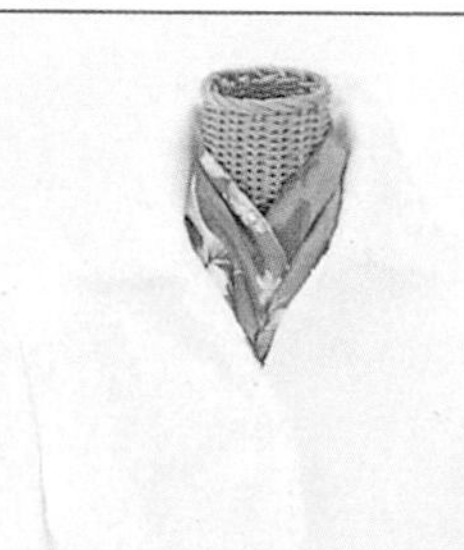

大 摺鍊結…p72

大 簡易三角結…p80

披肩 水手結圍法…p102

披肩 雙三角披肩圍法…p104

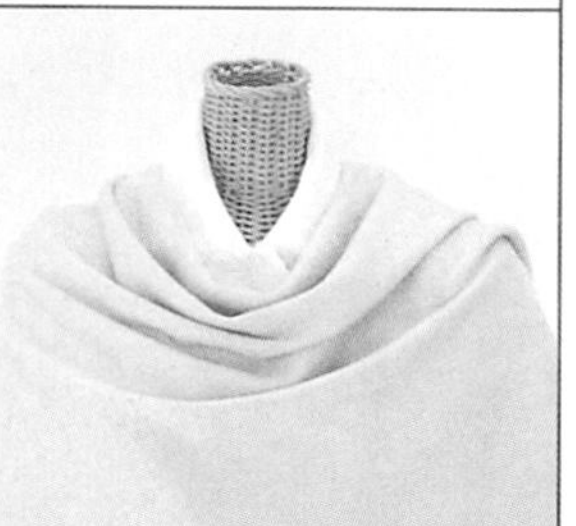

披肩 肩摺結圍法…p108

無領外套

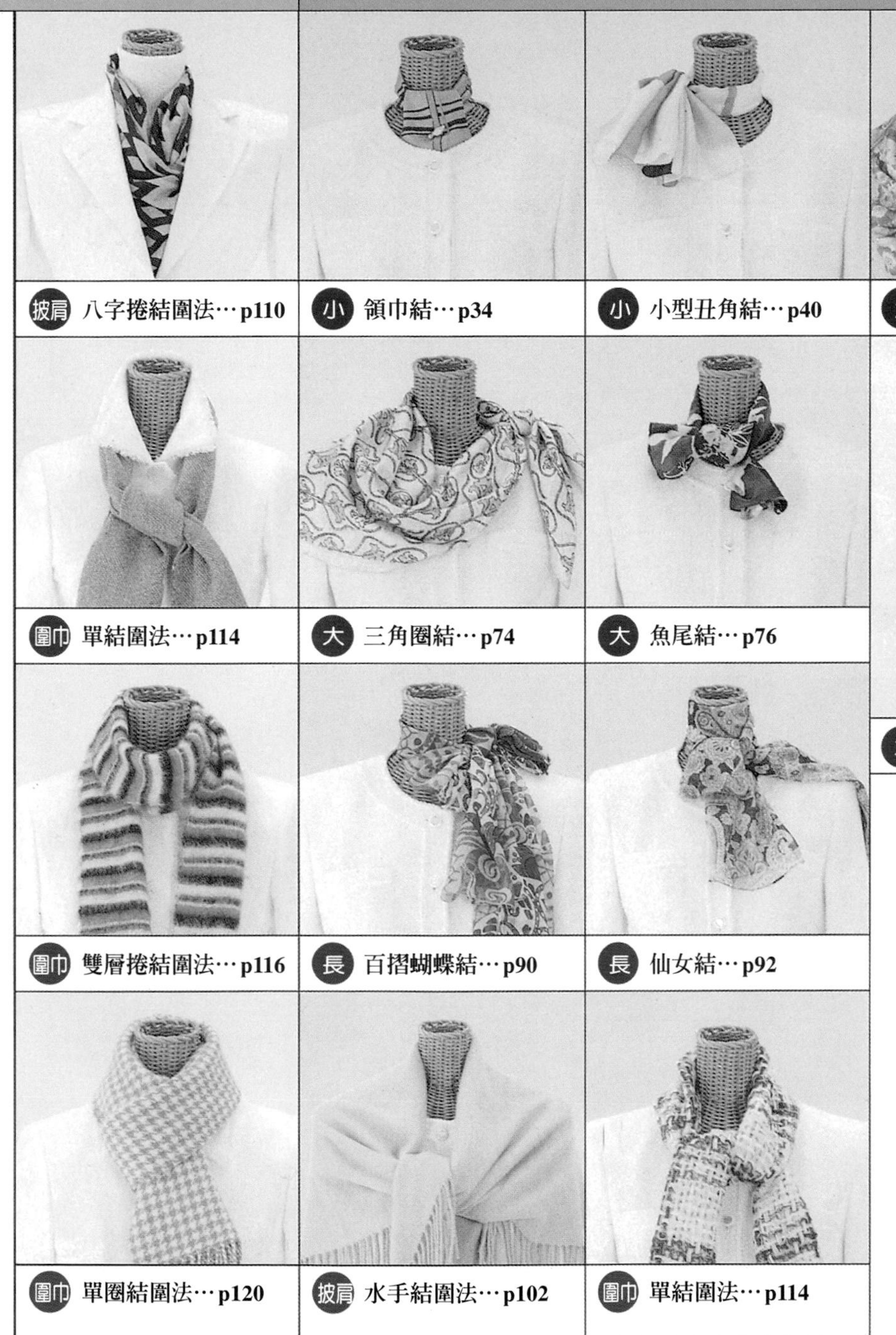

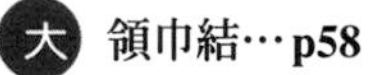

個人特有的創意領巾

市面上雖然有各式各樣的領巾，
但不妨親自縫製一條個人特有的創意領巾吧！
不論是從選布開始，或是加工手邊的領巾，都能享受創作之樂！

基本作法

先選定要製作正方形、長方形或開叉型等何種形狀的領巾，再挑選布料的花色。使用90 cm大小的布縫製正方形領巾，就是標準的大尺寸（88 × 88cm）領巾。

1 剪布

請參考P8～9介紹的正方形、長方形或開叉型領巾等，決定要縫製的形狀和尺寸後，將布預留1cm縫份後裁下，每個邊角再呈L字型剪掉1cm寬度，以免摺3摺時布料變得太厚。

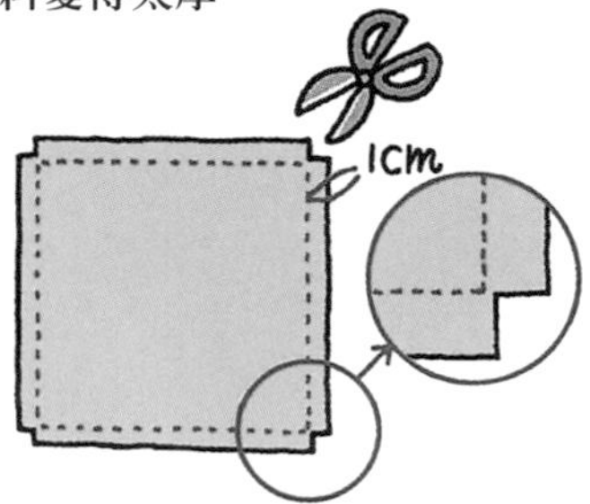

2 摺3摺後以熨斗燙平

縫份一面摺3摺，一面以熨斗熨燙，再以珠針固定。熨斗溫度要配合布料的材質，留意別傷了布料。

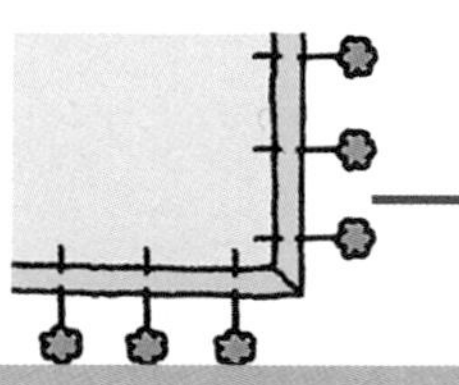

3 縫合布邊

布邊可以用縫紉機車縫，也可用斜針縫以手縫方式縫合。開叉型領巾斜面車縫易起皺摺，所以比較適合以手縫法縫合。

A 車縫

沿著摺3摺的縫份邊緣，用縫紉機呈直線車縫。若使用能縫布邊的縫紉機，請選擇該項功能，若是蟬翼紗或雪紡紗等材質，也可以用考克機來縫。

B 斜針縫

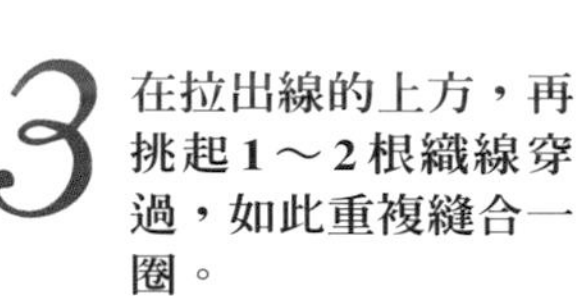

1 在摺3摺部分之間先穿入打好死結的線，接著將針挑起上方布料1～2根織線後穿過。

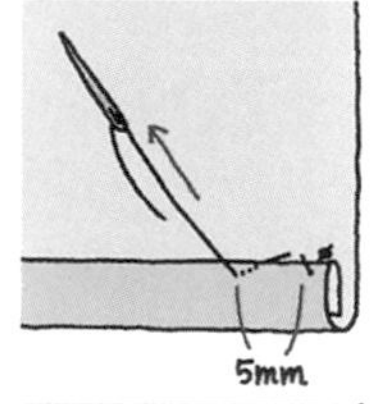

2 約距離5mm，再將針穿入下方摺3摺部分挑針拉出。

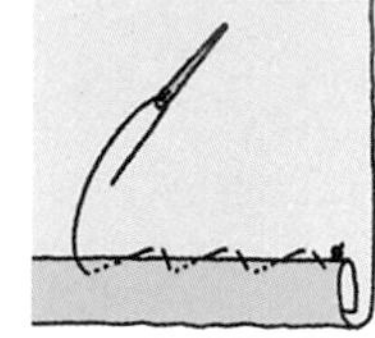

3 在拉出線的上方，再挑起1～2根織線穿過，如此重複縫合一圈。

用刺繡裝飾圖案

1 將領巾、縫紉用複寫紙及紙型依序重疊，以小木匙將刺繡圖複印到布上。

2 用刺繡線沿線條繡出圖案，這裡是以間隔3mm的直針縫繡縫。縫的時候針要垂直刺入，背面圖案看起來才漂亮。

3 在螺旋圖之間是用不同色的繡線繡出粗點，線先打結穿過布後，在另一面打結後隨即剪斷，配合圖案縫出這些小點。

黏上假鑽

1 將領巾、縫紉用複寫紙及紙型依序重疊，以小木匙將圖案複印到布上。

2 從圖案的邊端或邊角開始，以手藝用白膠貼上假鑽。

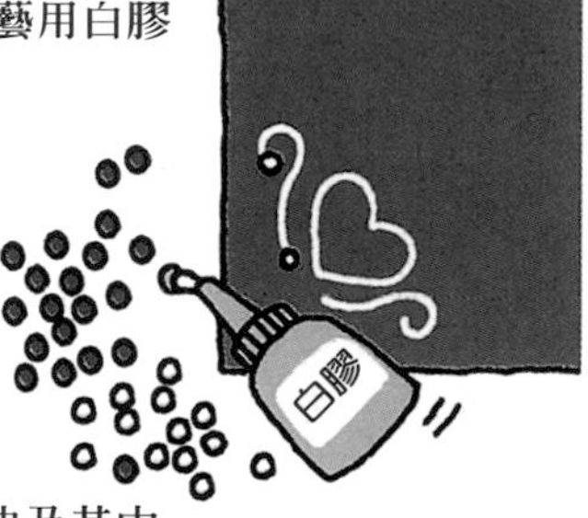

3 從兩端、中央及其中間，一面平均放置假鑽一面黏貼。若只從一端開始黏貼，假鑽容易貼不平均，而且要注意數量是否足夠。

拼布縫

領巾上可用數種布拼縫出圖案，利用和服布料來縫也很漂亮。拼布縫的布料厚度要一致，運用縫份往內摺的縫法，或是拼縫後再加縫裡布的方法均可。

縫上花邊

在長領巾的前端縫上花邊，會顯得更華麗。可以使用同布料或是同色系的薄布，縫好布邊後摺出皺摺，再縫到領巾前端。

染色

領巾也可以染上自己喜歡的顏色。利用化學或草本染料來染色，或是利用印花板印出圖案等，染法種類繁多。用印花板可在領巾上印滿圖案，也可以只在一個邊角印染圖案。

清潔和收納的要訣

想讓領巾永保如新，就要了解該如何清潔和整理。
使用後殘留污漬或皺摺不堪，日後就無法隨時運用。
所以用完後請花點心檢查是否有污斑，整齊妥善地收納吧！

清除污漬

污漬可分爲水溶性和油性2種，處理的方法也不同。請依照下表說明來處理。處理的要點是，如果外出時弄髒要先緊急處置，回家後才容易清乾淨。先用洗潔劑或揮發油沾在領巾邊緣，若布料有褪色等不適用情形，就要外送乾洗。

	水溶性	油性
污漬的種類	水性墨水、醬油、醬汁、茶、咖啡、果汁、血液等	粉底、口紅、油、咖哩、番茄醬、奶油、蠟筆等
外出時的緊急處理	用衛生紙先按壓污處吸取污漬，然後在污漬上放上衛生紙，以扭緊的濕毛巾等工具從上拍打。	先用衛生紙捏掉污物，不要擦拭也不要揉搓。
家中的處理法	將污漬朝下放在乾淨的毛巾上，用4～5根綁在一起的棉花棒沾水，輕輕地拍打。用水清不乾淨時，可使用稀釋後的中性洗劑。請仔細清理，別留下污漬的輪廓，最後再次沾清水拍打即可。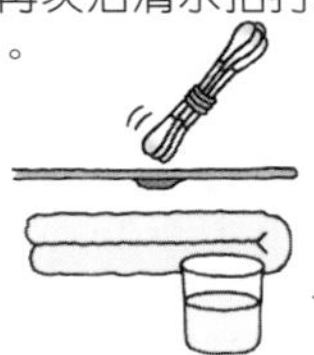	將污漬朝下放在乾淨的毛巾上，用4～5根綁在一起的棉花棒沾揮發油，輕輕地拍打。等污漬清理乾淨一點後，再以左列水溶性污漬相同的方式清理。

洗滌法

基本上絲質領巾宜外送乾洗，但是市面上也有販售乾洗布料用的洗潔劑，所以平時使用的領巾也可以在家自行洗清。

1 將乾洗布料用的洗潔劑原液沾在白布上，輕拍領巾不明顯的角落，確認是否會褪色，若會褪色則要外送乾洗。

2 在清水或30度以內的溫水內倒入洗潔劑充分混勻，放入領巾後快速搖晃洗滌，之後再換2次清水清洗，清洗要領和洗潔劑相同。

3 在清水或30度以下的溫水中，倒入柔軟劑和漿洗劑混勻，再浸入領巾。

4 用毛巾夾住領巾，吸除水分。

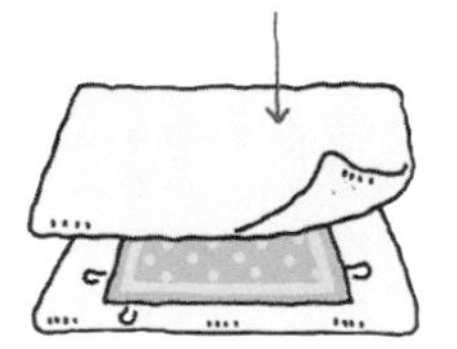

5 領巾呈半乾狀態時直接以熨斗熨燙，反面朝上放平，以中溫熨斗從中心點往外側橫向熨燙，燙到邊緣時熨斗要稍微抬高，以免燙扁邊條。

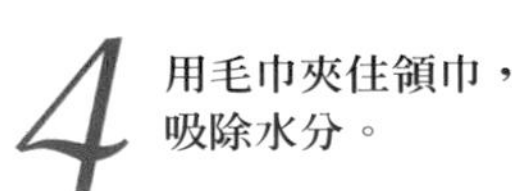

領巾的收納法

爲了方便搭配服裝，領巾最好收納在衣服附近。手邊如果有多條領巾，妥善整理讓花色一目了然，使用時就不必煩惱要一條條攤開，十分地方便。現在就請你參考下列介紹的收納要訣吧！

用毛巾架吊掛

在衣櫥或收納櫃等門內或側面，裝上浴室用毛巾架，它的優點是能同時吊掛3～5條領巾，不用時可推到一邊不占空間，要拿領巾時拉開吊棒就能輕鬆挑選。

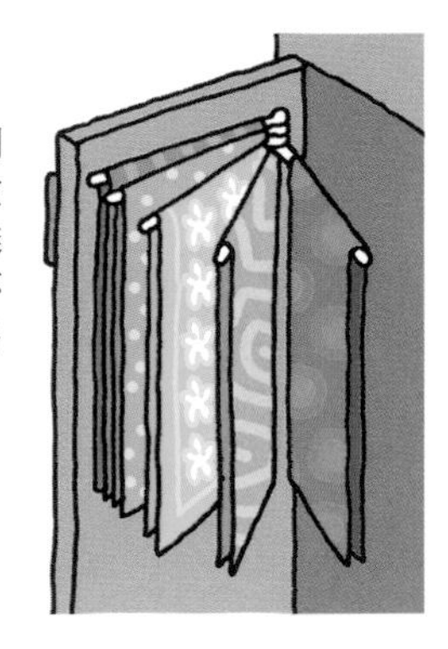

用褲架吊掛

領巾也能用同時可掛數條褲子的褲架來吊掛，它適合以吊掛方式收理衣物的人使用。

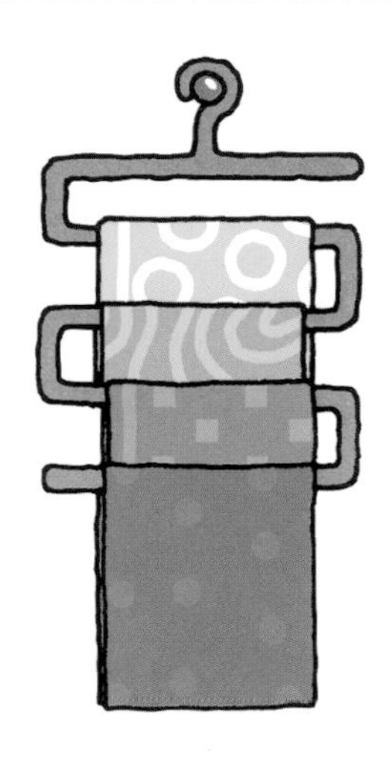

摺放在錄影帶盒裡

領巾剛好能鬆鬆地摺好放入錄影帶盒中，再收納到抽屜裡。這種收納法很方便抽取，買回後拆下的商品標籤等也可以一起收放進去。

摺放在透明夾中

領巾可以一條條摺好放入透明夾中，商品標籤等也可以一起收在裡面。它的優點是方便移動，但如果不放入衣櫥的話，記得要加放防蟲劑。

如何妥善去除標籤

標示商品名稱及品質的標籤，對了解商品洗滌方式來說十分重要，但是打結飾時往往又會造成干擾。大家都以爲它縫在邊緣所以無法拆除，但是只要妥善處理，完全不會留痕跡。先儘可能剪除標籤，不擅女紅的人到此就行了。但是仍會介意殘留少許白色標籤的人，或是手巧的人，則可以進一步拆除標籤。將夾在領巾邊緣的殘留標籤，用剪刀呈縱向細細地剪碎，再以指頭一面拆除剪碎的標籤，一面拆除車線就行了。拆不下來的部分用髮夾尖端，將它塞入縫線中隱藏起來。

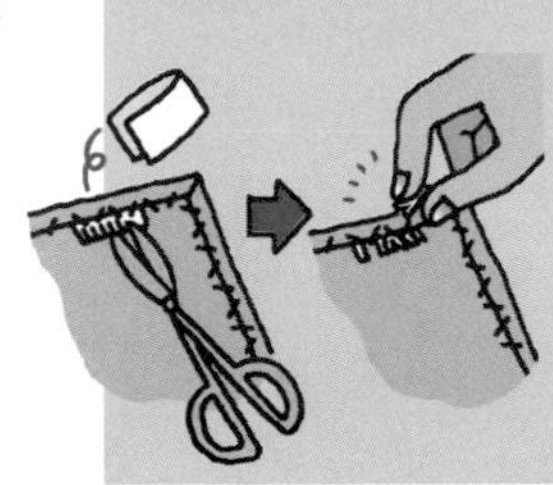

打法・監修・資料合作／ムーンバット株式会社
企劃・編輯・製作／株式会社童夢
編輯協助／山田　桂
內文設計／釜內由紀江(GRiD)
中村知子(GRiD)
內文插畫／赤澤英子
攝影／清水隆行(Studio Be Face)
髮型設計／舘マキコ
模特兒／篠田あきえ(スペースクラフト)
大島久美子(スペースクラフト)

領巾・服裝・飾品提供／
アビステ●03-3401-8101
アルプス・カワムラ●03-3663-0608
インターモード川辺●03-3352-7956
オーロラ●03-3230-2011
オリンカリ ザ ショップ オゾック●03-5117-2711
クリケット●03-3490-6234
タキヒヨー●03-5474-9334
ファイブフォックス カスタマーサービス●0120-114563
フェアファクスコレクティブ●03-3497-1281
ムーンバット●03-3556-6810
ルック キース●03-3794-9113
OLMA●03-3794-9109
トゥー・シー●03-3794-9104
レディースニューヨーカー●0120-17-0699
3can4on●03-5117-2711
HusHusH●03-5117-2711
WIZ●03-3468-9297

監修：**和田洋美**（造型師）
簡歷：日本文化服裝學院設計科畢業。曾擔任服裝助理，而後獨立從事服裝設計工作。從童裝到仕女裝，所設計的範圍相當廣泛。目前活躍於雜誌、廣告等領域，作品深受歡迎。

國家圖書館出版品預行編目資料

領巾・披肩・圍巾的打法 / 和田洋美監修. --初版. --臺北市：鴻儒堂，民 94
面；公分
含索引
ISBN 957-8357-71-0(平裝)
1. 衣飾 2. 巾
423.4　　94010331

領巾・披肩・圍巾的打法

定價：350元

2005 年(民 94)6 月初版一刷
本出版社經行政院新聞局核准登記
登記證字號：局版臺業字 1292 號
監　　修：和田洋美
發 行 人：黃成業
發 行 所：鴻儒堂出版社
地　　址：台北市中正區 100 開封街一段 19 號 2 樓
電　　話：(02)2311-3810
傳　　真：(02)2361-2334
郵政劃撥：01553001
E－mail：hjt903@ms25.hinet.net

法律顧問：蕭雄淋律師
本書凡有缺頁、倒裝者，請逕向本社調換
SCARF STOLE MUFFLER NO MUSUBIKATA

Originally published in Japan in 2004 by IKEDA SHOTEN PUBLISHING CO.,LTD.
Chinese translation rights arranged through TOHAN CORPORATION,TOKYO.